手绘效果图表现技法及应用 （第2版）

张恒国 编著

U0268375

清华大学出版社　　北京交通大学出版社
·北京·

内 容 简 介

手绘是一种动态的、有思维的、有生命的设计语言。本书以理论为基础，以操作为目标，注重培养读者实际操作技能和应用能力。

本书主要内容包括手绘工具，透视原理，手绘基础技法，手绘线稿表现，单体上色表现，室内局部手绘，家装空间手绘表现，商业空间手绘表现及手绘作品范例等内容。本书通过大量的精选案例，详尽的图示讲解和步骤说明，以及相关案例的绘制流程和表现方法，系统介绍了手绘的基本技法在室内设计领域的应用。本书结合大量优秀的手绘作品，将马克笔表现技法以图文并茂的形式展现在读者面前，是将手绘基础和设计方法、表现技法融于一体的工具书。

本书可以作为普通高等院校的环艺设计、室内设计、装潢设计、景观园林设计、园林规划、建筑工程、产品设计及艺术设计相关专业学生的教材，也可以作为装饰公司、房地产公司及建筑设计行业从业人员的参考书。

图书在版编目（CIP）数据

手绘效果图表现技法及应用 / 张恒国编著 . —2 版 . —北京：北京交通大学出版社：清华大学出版社，2018.6（2022.1 重印）
ISBN 978-7-5121-3541-3

I. ① 手…　II. ① 张…　III. ① 建筑画 - 绘画技法 - 高等学校 - 教材　IV. ① TU204.11

中国版本图书馆 CIP 数据核字（2018）第 091463 号

手绘效果图表现技法及应用
SHOUHUI XIAOGUOTU BIAOXIAN JIFA JI YINGYONG

责任编辑：韩素华
出版发行：清 华 大 学 出 版 社　　邮编：100084　电话：010-62776969
　　　　　北京交通大学出版社　　邮编：100044　电话：010-51686414
印 刷 者：艺堂印刷（天津）有限公司
经　　销：全国新华书店
开　　本：260 mm×185 mm　印张：14　字数：349 千字
版　　次：2018年6月第2版　2022年1月第3次印刷
书　　号：ISBN 978-7-5121-3541-3/TU·168
印　　数：8 001 ~ 11 000 册　定价：68.00 元

本书如有质量问题，请向北京交通大学出版社质监组反映。对您的意见和批评，我们表示欢迎和感谢。
投诉电话：010-51686043，51686008；传真：010-62225406；E-mail：press@bjtu.edu.cn。

前　言

手绘目前被广泛地应用于设计行业，它表现方便、高效便捷、表现力强，能够迅速反映设计师的设计构思，为广大的设计师所青睐。手绘效果图是设计专业的必修课，通过手绘表现的学习，能够启发设计师的空间想象力和创新意识、敏捷的思维、快速准确的立体图像表现能力。

设计不仅是结果，更是一种过程，是一种特定的动态的思维过程，充满了个性与创造力。手绘是这一过程的载体与记录，它是一种最快速、最直接、最简单的反映方式，也是一种动态的、有思维的、有生命的设计语言。

马克笔手绘以正确、快速、高效表达设计意图为目的，它具有方便性、快速性、艺术性等特点。马克笔手绘技法逐步被国内设计界所认同，并已被各高等艺术设计、建筑设计院校和美术学院及设计工程公司、设计事务所广泛接受和使用，越来越多的设计行业从业人员希望学习掌握马克笔手绘这一方便快捷、美观实用的绘图技巧。

本书在第1版的基础上，以马克笔室内手绘表现为主要内容，将马克笔室内手绘表现技法及过程以图文并茂的形式展现在读者面前，是将手绘基础和设计方法、表现技法融于一体的工具书。

本书编排科学精练，结构合理，指导性、学术性、实用性和可读性强。本书注重科学性、实用性、普适性。本书归纳和总结手绘表现训练与学习规律，内容安排从简单到复杂、从理论到实践，简明易学。书中的大量范画，讲解清楚、透彻，便于临摹，旨在帮助读者提高手绘能力和手绘水平。通过本书的学习，可以使读者在短期内掌握手绘表现基本技法，快速提高手绘表现能力，从而能够进行生动的创作和表现。

本书适合初学者和爱好者自学入门，它可作为学习马克笔快速表现的培训教材，也可供设计人员参考。同时本书遵循了实用性强和覆盖面宽的原则，是手绘培训机构及高等院校相关专业的适用教材。本书可以作为普通高等院校的环艺设计、室内设计、装潢设计、景观园林设计、园林规划、建筑工程、产品设计及艺术设计相关专业学生的教材，也可以作为装饰公司、房地产公司及建筑设计行业从业人员的参考书。

最后，由于作者水平有限，不足之处在所难免，恳请广大读者指正。

著　者
2018 年 5 月

本书编委会

主　编：张恒国

副主编：（排名不分前后）

CONTENTS

目录

CONTENTS

第1章 手绘工具

1.1 马克笔

马克笔又名麦克笔。马克笔具有较强的表现力，与一般的水彩颜色相近，作画步骤及方法均与水彩画相似。在用马克笔作画时要由浅入深，由远及近，颜色不易过多。最好不要涂改、叠加，否则会导致画面浑浊、显脏。与画水彩画不同，马克笔一般从局部出发，逐渐画到整个画面，而水彩作画过程则是由整体到局部。

马克笔在设计用品店就可以买到，而且只要打开笔帽就可以画，不限纸张、各种素材都可以上色。

买马克笔时，要了解马克笔的属性和画后的感觉。市场上常见的、普遍用的是双头酒精的，它有大小两头，水量饱满，颜色丰富，其亮色比较鲜艳，灰色比较沉稳。颜色未干时叠加，颜色会自然融合衔接，有水彩的效果，性价比较高。因为它的主要成分是酒精，所以笔帽做得较紧。选购的时候应亲自试试笔的颜色，笔外观的色样和实际颜色可能稍有偏差，总体来说比较经济实惠。

马克笔的色彩种类较多。对于颜色的选择，初学者要了解其性能和用法，故不要多买，几支颜色鲜艳的，几支颜色中性的，再加上几支灰色的就足够了。随着用笔的熟练和技法的不断进步再增加自己喜欢的颜色。

马克笔的粗头

马克笔的细头

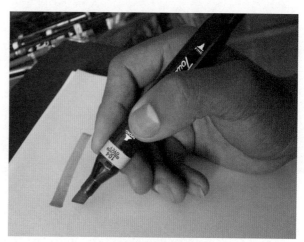
马克笔的握笔姿势

1.2 手绘纸张

手绘用的纸张，可以在普通的A4或A3纸上画，也可用绘画的纸，如素描纸、水彩纸等来画，这些纸可以练习使用。还可以用马克笔专用绘图纸，如120 g纸张。马克笔专用绘图纸不易渗透，笔触分明，色彩保真。手绘纸张最小不应小于A4纸的幅面，因为用马克笔绘画注重整体效果，如果要表现细节的话，还要搭配其他笔，纸张最好大一点。

各种纸的特点如下。

（1）素描纸。纸质较好，表面略粗，易画铅笔线，耐擦，稍吸水，宜作较深入的素描练习和彩色铅笔表现图。

（2）水彩纸。正面纹理较粗，蓄水力强，反面稍细，也可利用，耐擦，用途广泛，宜作精致描绘的表现图。

（3）绘图纸。纸质较厚，结实耐擦，表面较光。用于钢笔淡彩及马克笔、彩铅笔、喷笔作画。

（4）色纸。色彩丰富，品种齐全，多为中性低纯度颜色，可根据画面内容选择适合的颜色基调。

绘图纸

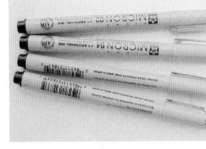

勾线笔

1.3 其他工具

1）勾线笔

用马克笔作画，需以结构严谨、透视标准、线条明朗的线图为基础。作画用的勾线笔一般要求出墨流畅，墨线水性，易干，画出的线条不易扩散。比较常用的勾线笔有针管笔，其笔头有粗细不同的型号，可以画出不同粗细的线条，受到设计师们的青睐。

另外，晨光牌的会议笔使用起来经济实用，可以用来练习画线，勾勒轮廓。也可以用钢笔画线稿。

勾线笔

彩色铅笔

2）彩色铅笔

常见的彩色铅笔品牌有马可、辉柏嘉等。彩色铅笔广泛应用于各个设计专业的手绘表现，彩色铅笔的色彩种类从12色到48色不等，分为水溶性铅笔和普通彩铅两种。彩色铅笔使用起来简单方便、色彩稳定、容易控制，多配合马克笔用于刻画细节和过渡面，也可用来表现粗糙质感。水溶性铅笔可结合毛笔使用，用于大面积着色工作。

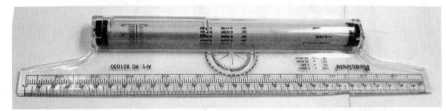

绘图直尺

3）绘图直尺

绘图直尺在画一些长线条时，可以用来辅助画线，初学手绘时可以借助绘图直尺来画部分线条。

4）提白工具

提白工具有涂改液和高光笔两种。涂改液用于大面积提白，高光笔用于细节精准提白。提白的位置一般用在受光较多、较亮的地方，如光滑材质、水体、灯光、交界线亮部结构处，还有就是画面很闷的地方，也可以用提白工具提亮一点。

高光笔

课 后 练 习

1. 了解马克笔手绘的重要性。
2. 了解马克笔的构造和笔触特点。
3. 了解不同纸张的特点。
4. 了解彩色铅笔上色特点。
5. 了解高光笔、直尺等辅助工具的使用方法。
6. 练习不同工具的综合使用。

第2章 透视原理

2.1 透视基本原理

透视就是在平面上再现空间感、立体感的科学方法。在平面上根据一定原理，用线条来显示物体的空间位置、轮廓和投影的科学称为透视学。透视基本原理在绘画中有着广泛的应用，是学习绘画的重要基本原理之一。近大远小、近实远虚是透视的规律。常见的透视包括一点透视、两点透视和三点透视。

1. 一点透视

一点透视也称平行透视，是一种最基本、最常用的透视方法。以正六面体为例，它的正面及与正面相对的面都为正方形，而且平行于画纸。由于透视的视觉变形，使观者产生近大远小的感觉，所以前面的正方形比后面的正方形显得大，连接两个正方形顶点的四条线向画面后方消失于一点。一点透视表现范围广，纵深感强，适合表现庄重、严肃的室内空间。缺点是比较呆板，与真实效果有一定差距。

2. 两点透视

两点透视也称成角透视。以六面体为例，它的任何一个面都不与画纸平行，而且都与画面形成一定角度，垂直相对的两组面分别向左、右消失成两点。此类透视有两个消失点，且在同一水平线上。两点透视的特点是表现范围较广、画面平稳、纵深感强，透视及画面较为生动、活泼，具有真实感。

3. 三点透视

三点透视也称斜角透视。当正立方体的三组平行线均与画面倾斜成一定角度时，则这三组平行线各有一个消失点，即此类透视有三个消失点。三点透视通常呈俯视或仰视状态，具有强烈的透视感，特别适宜表现高大的建筑和规模宏大的城市规划、建筑群及小区住宅等，也是一种常用的透视。

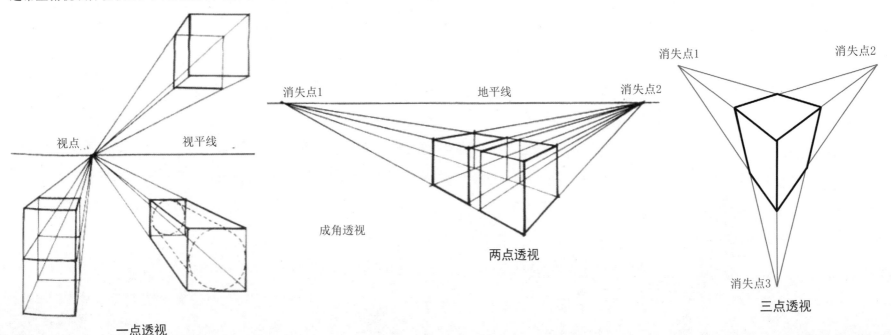

一点透视

成角透视

两点透视

三点透视

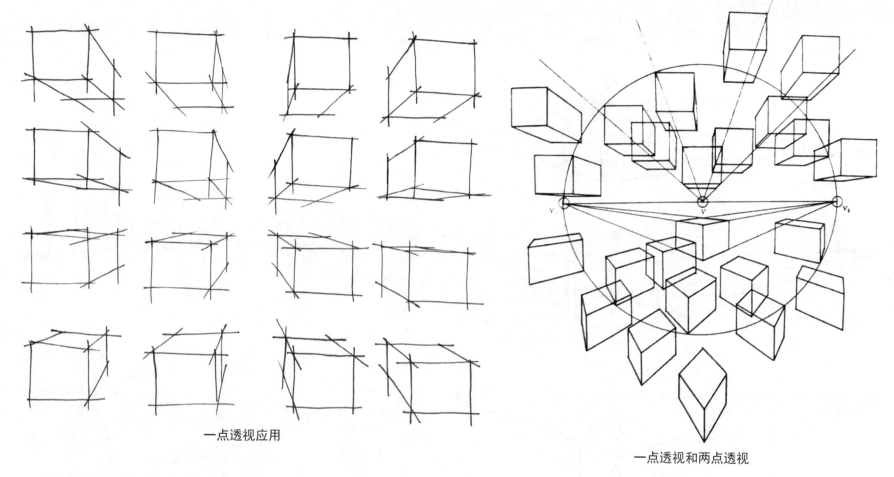

一点透视应用

一点透视和两点透视

2.2 透视种类的选用

  透视是一种表现三维空间的制图方法，它有比较严格的科学性，但不能刻板地去运用，也并非是掌握了透视的方法就可以画出很漂亮的空间表现图，它有较为灵活的一面，只有在理解和领会的基础上再去运用，才能够真正达到掌握透视的目的。要灵活应用透视，首先要理解常用透视类型的特点，然后根据实际应用中要表现对象的特点，选择合适的透视类型和透视角度来表现画面。

  掌握正确、简便的透视规律和方法，对于手绘表现至关重要。其实徒手表现图很大程度上是在用正确的感觉来画透视，要训练自己落笔就有好的透视空间感，透视感觉也往往与表现图的构图和空间的体量关系息息相关，有了好的空间透视关系来架构画面，一张手绘表现图也就成功了一半。

2.3 透视的应用

把透视基本原理和简单景观场景结合起来练习，对于学画手绘入门是十分有好处的，一方面可以练习透视的应用，另一方面可以练习景观的画法。

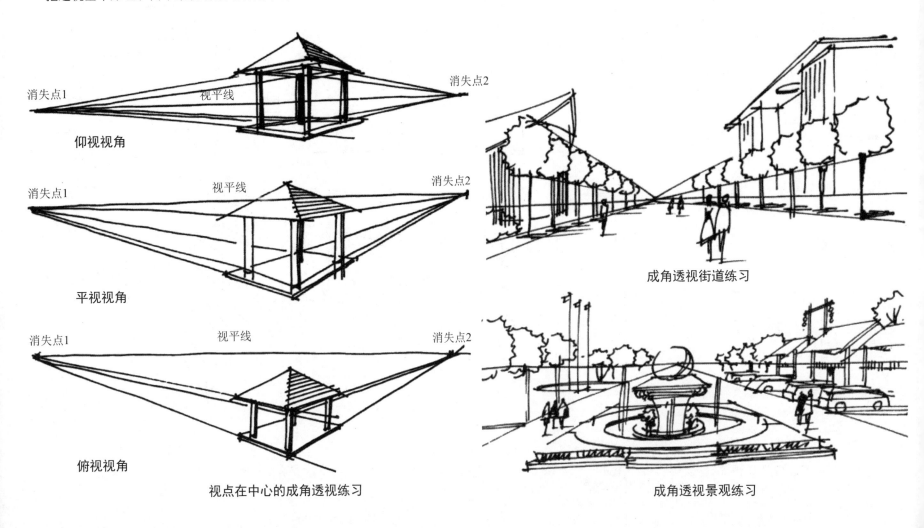

视点在中心的成角透视练习

成角透视街道练习

成角透视景观练习

课 后 练 习

1. 说出三种基本透视原理的特点。
2. 练习用一点透视画某个单体对象。
3. 练习用两点透视画某个单体对象。
4. 练习用三点透视画某个单体对象。
5. 练习用透视原理画简单的景观小场景线稿。

第3章　手绘基础技法

3.1　直线练习

直线在手绘表现中最为常见，线是表现手绘的基础和灵魂，在手绘中起骨架的作用。大多形体都是由直线构筑而成的，因此，掌握好直线技法很重要。画出的线条要直且干净利落，又要富有力度，所以，学习手绘需要从练习画线开始。多练习画线就能逐步提高徒手画线的能力，可以将线条画得既活泼又直。下面是画各种线要注意的问题。

1. 横线

起笔　　　　　　运笔　　　　　　　落笔

注意起点要稳，起笔时可以稍微有点"顿笔"　　运笔过程不可求急　　落笔也要稳

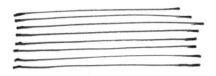

运笔的过程中，一定要心中有线，行笔要稳定

2. 竖线

在画竖线时，要注意起笔与落笔要"移"，同画横线一样。运笔过程可匀速，不求快，要求稳。竖线相对难把握，练习的时候，速度可稍慢点，要体会"运笔的过程"。同时画线条要稳重、自信、力透纸背。练习成组的线条时，尽量每根线的起笔在同一条线上，落笔也要在同一条线上。

练习画线条在于对线的把握、理解与熟悉，练习时心要静，不可浮躁，练习画线条时要多思考，身体的姿势与手势摆放要注意是否舒服、协调。

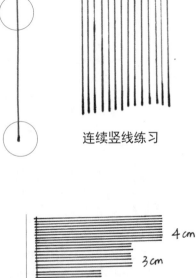

起笔

运笔

落笔

连续竖线练习

画线条练习

先画出左右的竖线，然后练习画相同宽度的横线

先画出上下的横线，然后练习画相同高度的竖线

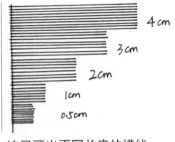

4cm
3cm
2cm
1cm
0.5cm

练习画出不同长度的横线

3. 水平线和垂直线

在练习画线时，水平线和垂直线可以一起练习。在画方格线时，要注意把握线条的水平和垂直程度，以及线条相交的结构感，开始练习时要画得慢一些，要多想、多分析。

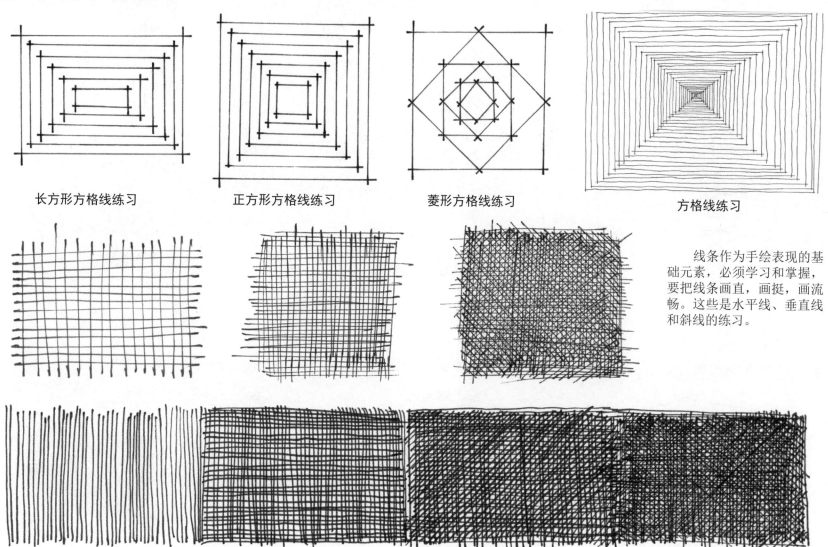

长方形方格线练习　　　　正方形方格线练习　　　　菱形方格线练习　　　　　　方格线练习

线条作为手绘表现的基础元素，必须学习和掌握，要把线条画直，画挺，画流畅。这些是水平线、垂直线和斜线的练习。

3.2 斜线练习

多练习不同角度的线条，对观察能力的提高有很大的帮助。练习时，可画不同角度的线条来锻炼自己，如画15°、30°、45°、60°、75°等不同角度的斜线。

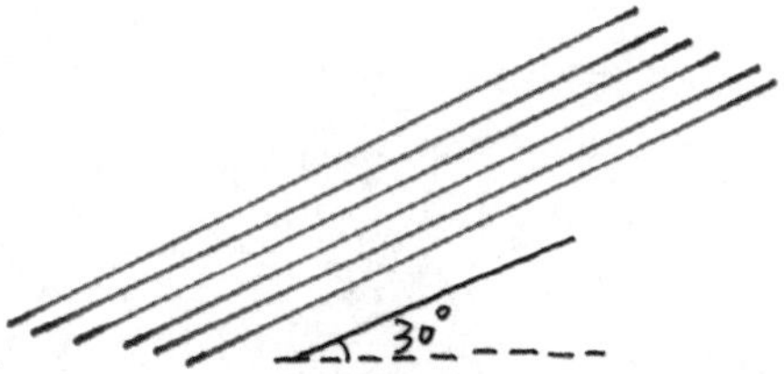

30° 斜线练习

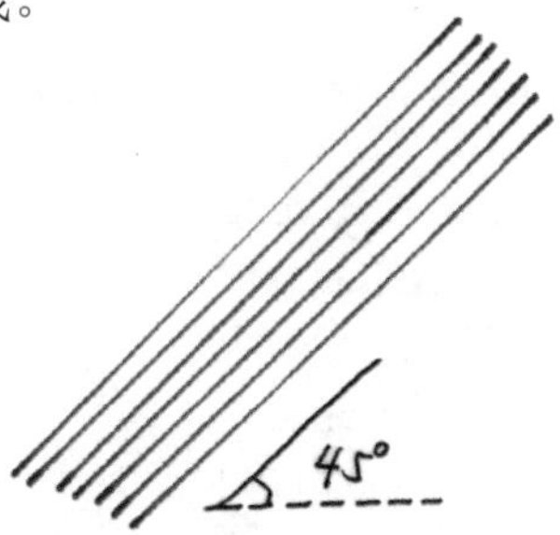

45° 斜线练习

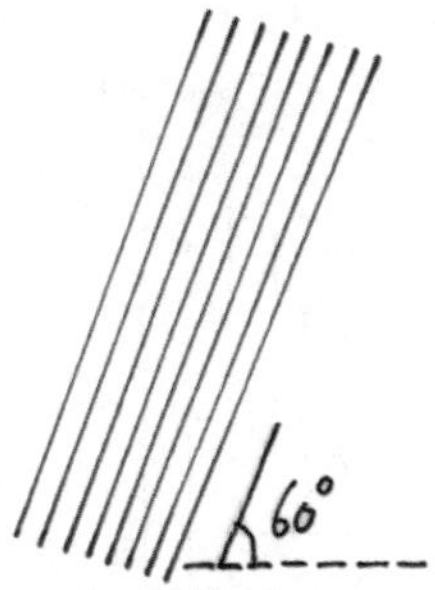

60° 斜线练习

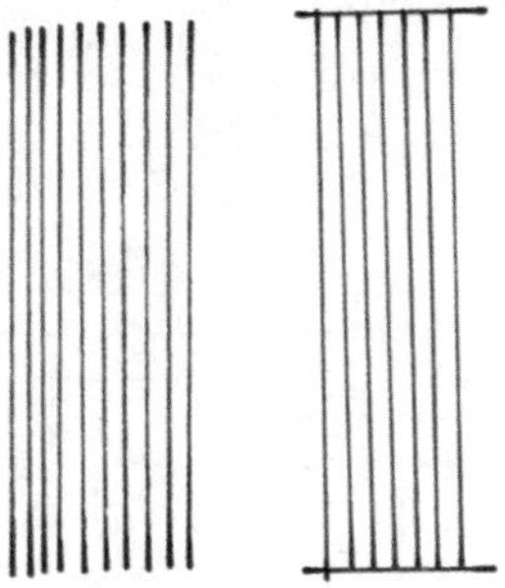

90° 竖线练习

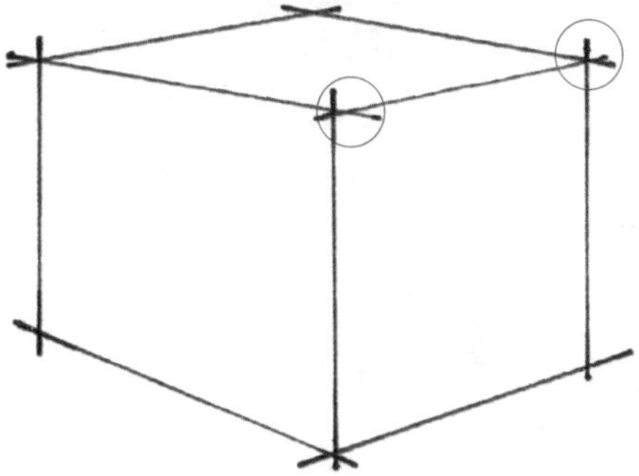

画线时注意线与线的"搭接"

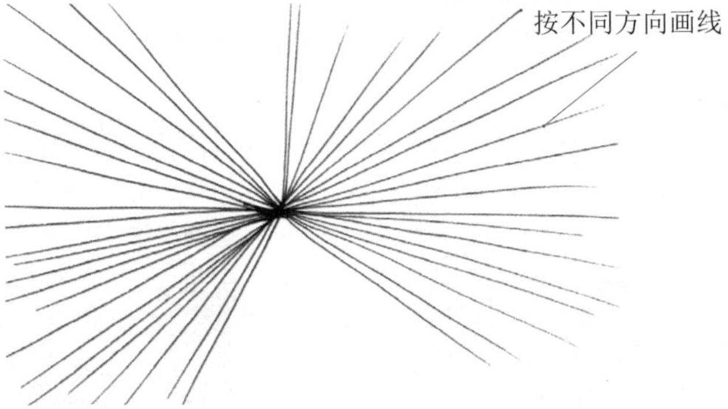

按不同方向画线

不同角度的斜线练习

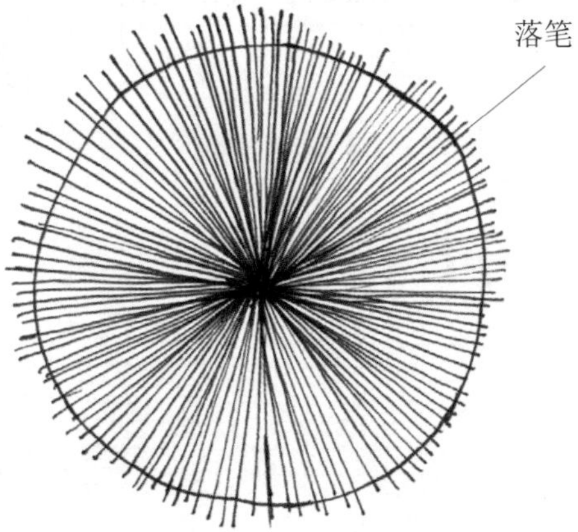

落笔

先画圆形，再从圆心画不同角度的斜线

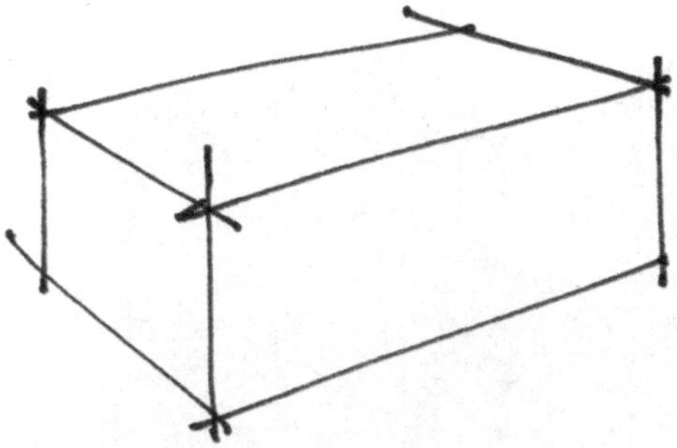

长方体练习

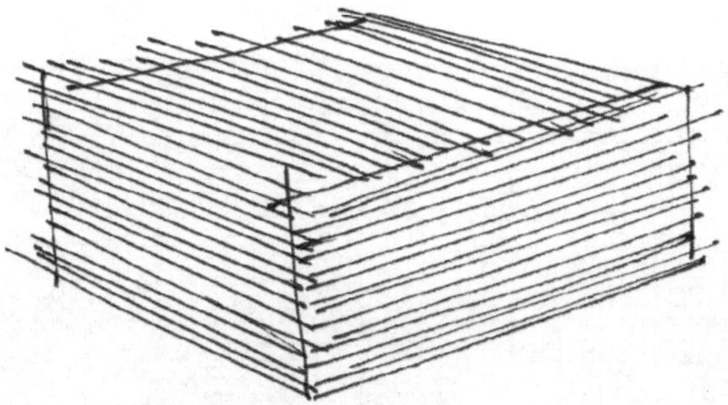

从不同角度练习画线

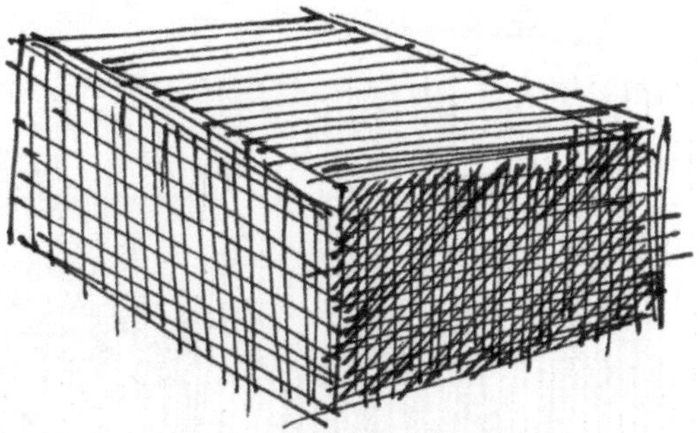

斜线、垂直线交叉练习

3.3 曲线、弧线训练

曲线要画得轻松、舒展、自然。这些是不同曲线的练习。

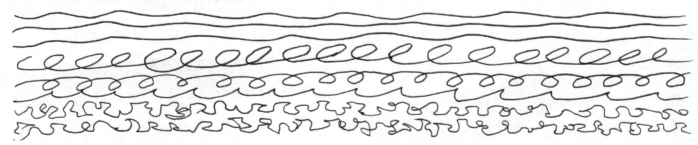

弧线的练习也比较重要。弧线在勾勒一些圆形对象时比较常用。下面是一些弧线和圆形的练习，建议读者反复练习。

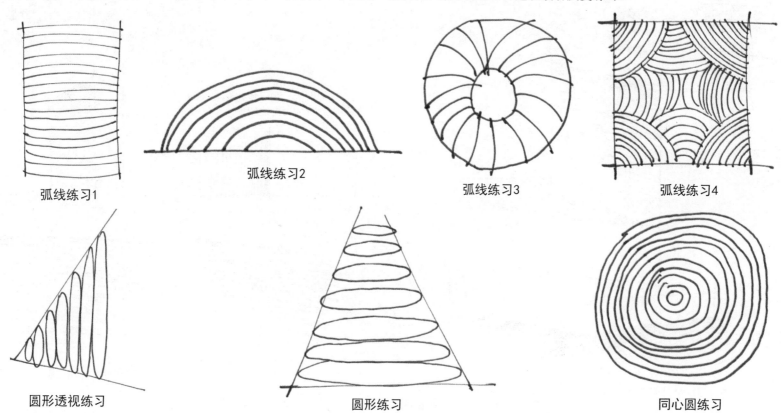

弧线练习1

弧线练习2

弧线练习3

弧线练习4

圆形透视练习

圆形练习

同心圆练习

3.4 阴影画法

在表现对象暗部和阴影时，一般可用连续的直线画出对象的暗部和阴影。阴影的绘制，可以强调对象的外形，增强画面的立体效果，不同的阴影长度可以反映对象的不同高度。下面是阴影的画法。

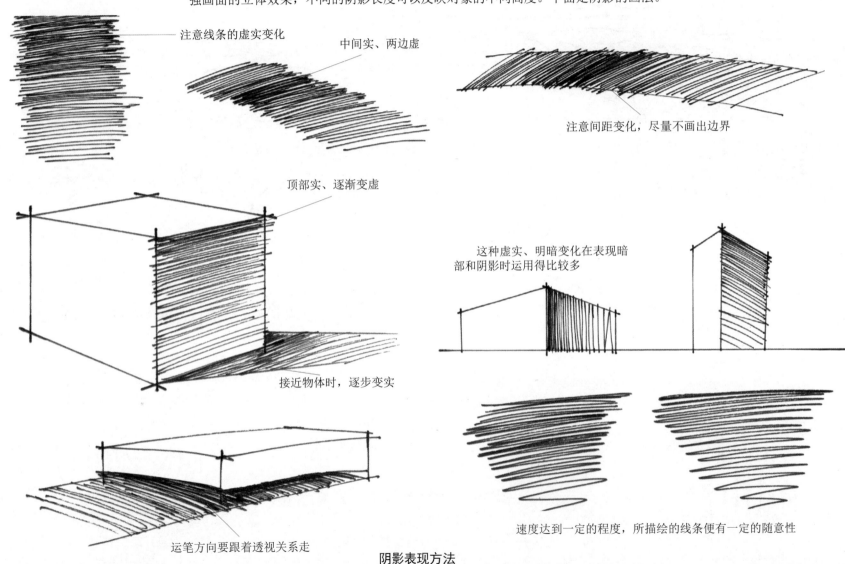

注意线条的虚实变化

中间实、两边虚

注意间距变化；尽量不画出边界

顶部实、逐渐变虚

这种虚实、明暗变化在表现暗部和阴影时运用得比较多

接近物体时，逐步变实

运笔方向要跟着透视关系走

速度达到一定的程度，所描绘的线条便有一定的随意性

阴影表现方法

3.5 形体和明暗练习

　　在练习了各种线的基本画法后，就可以应用一点透视、两点透视等透视基本原理，用横线、竖线、斜线来画几何体了。生活中的物体千姿百态，但归根结底是由方形和圆形两种基本几何形体组成的。特别是室内的陈设，如沙发、茶几、床、柜子等都是由立方体组成的，立方体是一些复杂形体最终的组合基础。练习描绘几何体对于表现室内外透视图是极有帮助的。

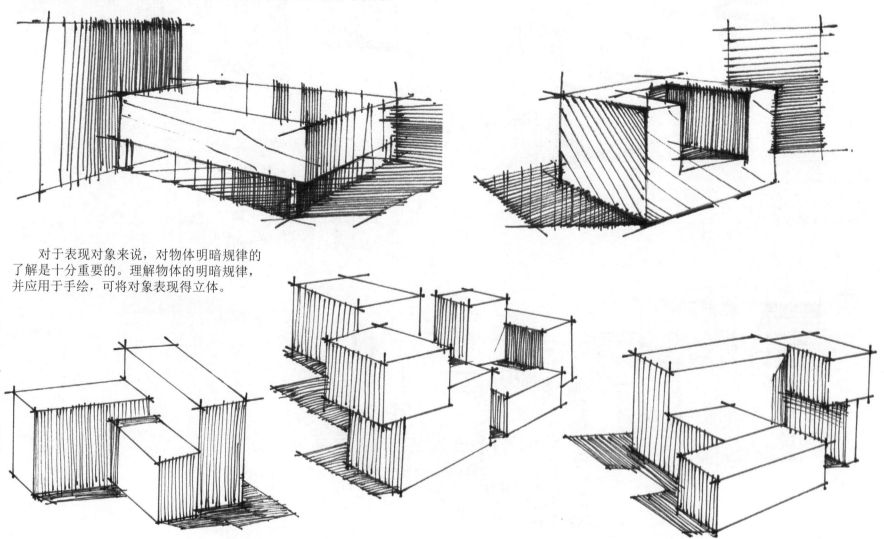

　　对于表现对象来说，对物体明暗规律的了解是十分重要的。理解物体的明暗规律，并应用于手绘，可将对象表现得立体。

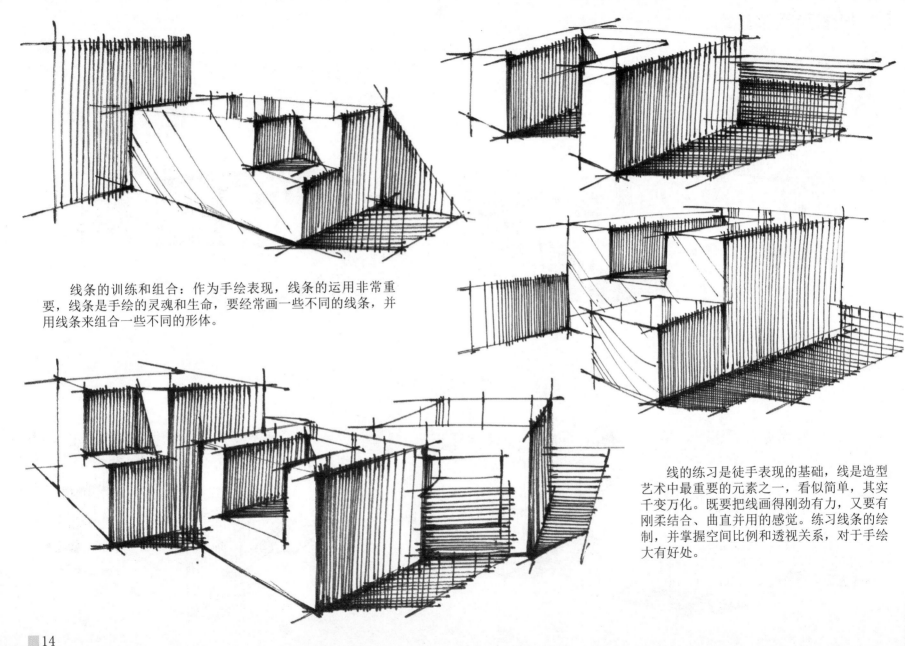

线条的训练和组合：作为手绘表现，线条的运用非常重要，线条是手绘的灵魂和生命，要经常画一些不同的线条，并用线条来组合一些不同的形体。

线的练习是徒手表现的基础，线是造型艺术中最重要的元素之一，看似简单，其实千变万化。既要把线画得刚劲有力，又要有刚柔结合、曲直并用的感觉。练习线条的绘制，并掌握空间比例和透视关系，对于手绘大有好处。

3.6 马克笔上色技法

马克笔是一种速干、稳定性强的表现工具。它具有局部完整的色彩体系，可以供设计选择。因为它颜色固定，所以能够很方便地表现出设计者预想的效果。

马克笔在特征上具有线条与色彩的两重性，既可以作为线条来使用，也可以作为色彩来渲染。一般与钢笔结合使用，用钢笔勾勒造型，用马克笔进行着色来烘托画面的气氛。钢笔线稿是骨，马克笔的色彩是肉。马克笔的特点在于简洁明快。运用马克笔时一定要有整体的意识。

马克笔对画面的塑造是通过线条来完成的，对于初学者来说，用笔是关键。马克笔用笔的要点在于干净利落，练习时要注意起笔、收笔力度的把握与控制。马克笔笔尖有楔形方头、圆头两种形式，可以画出粗、中、细不同宽度的线条，通过各种排列组合方式，形成不同的明暗块面和笔触，具有较强的表现力。

马克笔运笔时的主要排线方法有平铺、叠加及留白。

（1）平铺。马克笔常用楔形的方笔头进行宽笔表现，要组织好宽笔触并置的衔接，平铺时讲究对粗、中、细线条的运用与搭配，避免死板。

（2）叠加。马克笔色彩可以叠加，叠加一般在前一遍色彩干透之后进行，避免叠加色彩不均匀和纸面起毛。颜色叠加一般是同色叠加，使色彩加重，叠加还可以使一种色彩融入其他色调，产生第三种颜色，但叠加会影响色彩的清新透明度，遍数不宜过多。

（3）留白。马克笔笔触留白主要是反衬物体的高光亮面，反映光影变化，增加画面的活泼感。细长的笔触留白也称"飞白"，在表现地面、水面时常用。

马克笔垂直排线上色

用马克笔画直线，起笔和收笔力度要轻、要均匀。下笔要肯定、果断

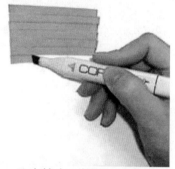
马克笔水平排线上色

马克笔线条要平稳，笔头要完全着到纸面上，这样线条才会平稳

蹭笔

点

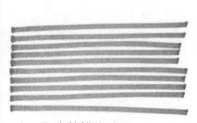
马克笔排线练习

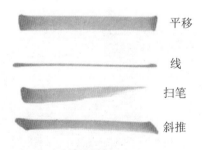
马克笔线条练习

平移

线

扫笔

斜推

颜色叠加

斜线过渡

马克笔笔触练习

马克笔点练习

15

马克笔力求下笔准确、肯定，不拖泥带水。干净而纯粹的笔法符合马克笔的特点，对色彩的显示特性、运笔方向、运笔长短等在下笔之前都要考虑清楚，避免犹豫，忌讳笔调琐碎、磨蹭、迂回，要下笔流畅、一气呵成。马克笔上色后不易修改，一般应先浅后深，上色时不用将色铺满画面，有重点地进行局部刻画，画面会显得更为轻快、生动。马克笔的同色叠加会显得更深，多次叠加则无明显效果，且容易弄脏颜色。

垂直交叉的笔触可以丰富马克笔上色的效果。既然运用垂直交叉的组合笔触，就要表现一些笔触变化，丰富画面的层次和效果，所以一定要等第一遍干透后再画第二遍，否则颜色会融在一起，没有笔触的轮廓。

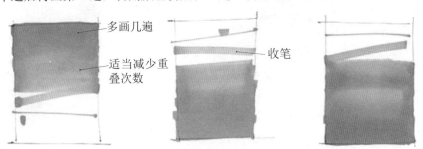

注意渐变关系，回笔的运用和用笔力度的区别

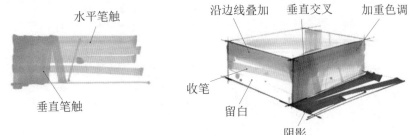

在用马克笔上色时，排线一定要按透视或物体结构运笔，明显的笔触多用在物体的发光面

运用马克笔的要领是速度及上色位置的准确性。速度一般宜快不宜慢，快的笔触就会显得透明利落，有力度感，颜色也不会渗化；快速上色，一般就要用排列的办法了，由密到疏或由疏到密；马克笔上色颜色不可调和，一般最好有几支同色系的过渡色，这样用起来得心应手。一般马克笔上色也只讲究颜色的过渡，不可追求局部色彩的冷暖变化，如果过渡色不够，用彩色铅笔来补充是个好办法。另外，在上色时，颜色和笔触要跟着形体走，即"随形赋彩"，这样看起来才比较自然。

马克笔与彩色铅笔结合，可以将彩色铅笔的细致着色与马克笔的粗犷笔风相结合，增强画面的立体效果。

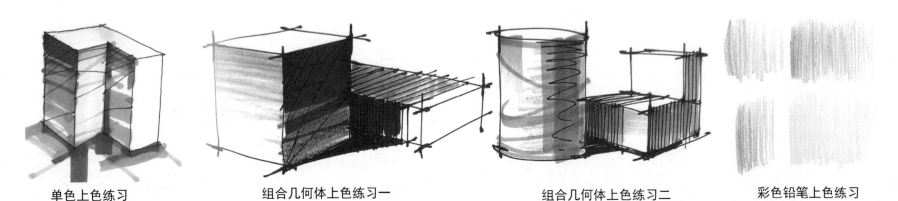

单色上色练习　　　　组合几何体上色练习一　　　　组合几何体上色练习二　　　　彩色铅笔上色练习

课 后 练 习

1. 练习画不同的线条，并体会和分析线的特点。
2. 理解阴影的表现方法并加以练习。
3. 练习曲线和弧线的画法。
4. 练习几何体的切挖练习，注意理解形体结构的表现。
5. 练习用马克笔上色，注意体会马克笔上色的特点。
6. 练习用彩色铅笔上色。
7. 练习画几何体并上色。

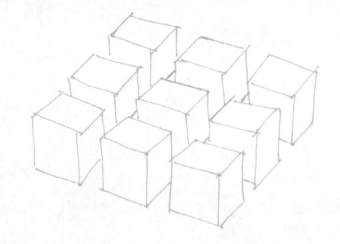

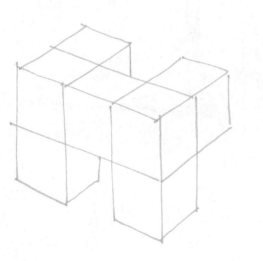

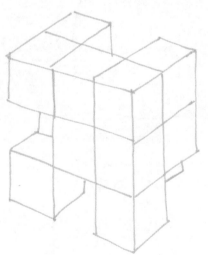

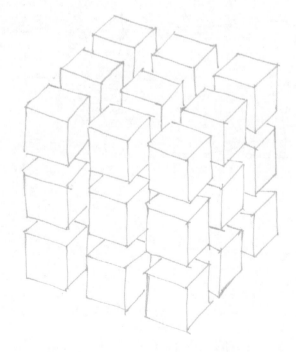

第4章　手绘线稿表现

4.1 抱枕的画法

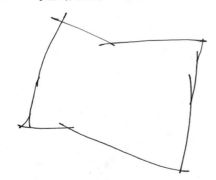

步骤一：勾勒出抱枕外形轮廓。

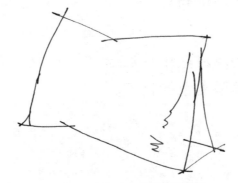

步骤二：画出抱枕暗部和阴影轮廓。

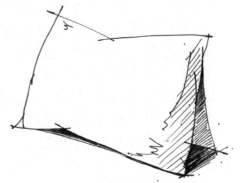

步骤三：画出抱枕暗部和阴影。

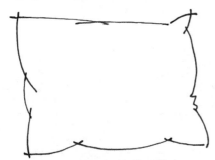

步骤一：勾勒出抱枕外形轮廓。

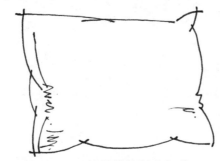

步骤二：画出抱枕的褶皱和细节。

步骤三：画出抱枕暗部、阴影及花纹。

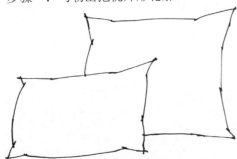

步骤一：勾勒出组合抱枕外形轮廓。

步骤二：分别画出两个抱枕的褶皱和纹理。

步骤三：画出抱枕暗部、阴影及花纹。

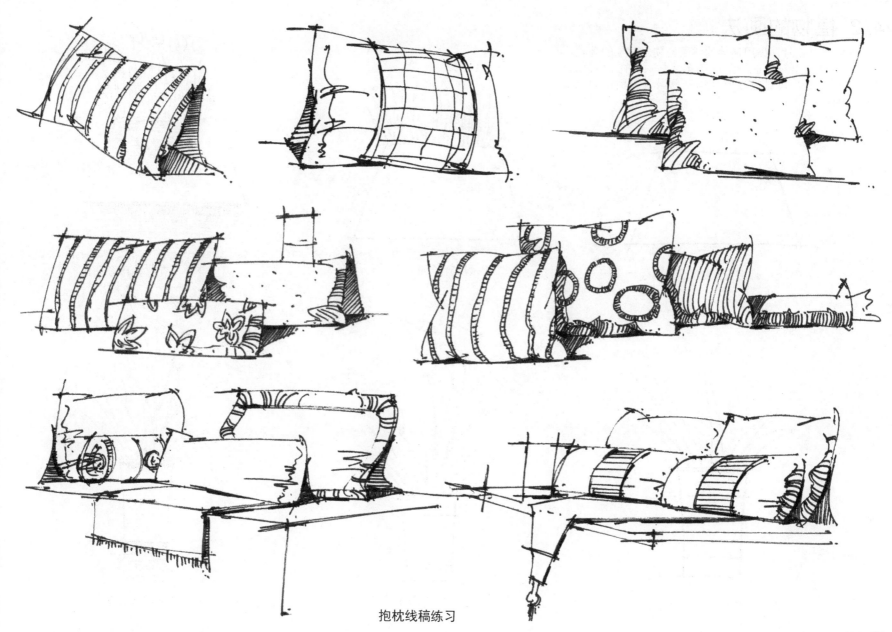

抱枕线稿练习

4.2 植物的画法

画单体对象时，先用连续的线条勾勒出对象的外轮廓，然后再画出对象的细节或图案，最后，画出对象的暗面和阴影，将对象画成一幅单色调素描稿，为上色做好铺垫。

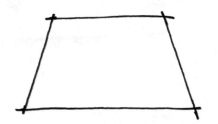

步骤一：画出花盆的外形轮廓。

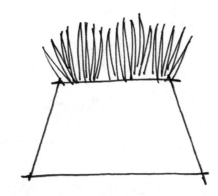

步骤二：画出叶子的外形。

步骤三：画出花朵、花盆暗部和阴影。

步骤一：画出花盆和叶子。

步骤二：分别画出花朵。

步骤三：画出花盆暗部和阴影。

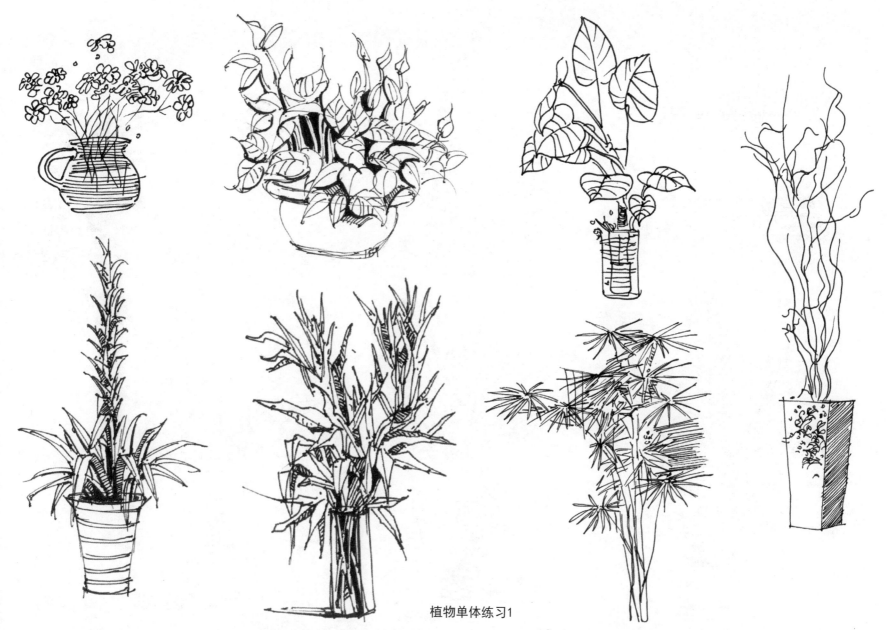

植物单体练习1

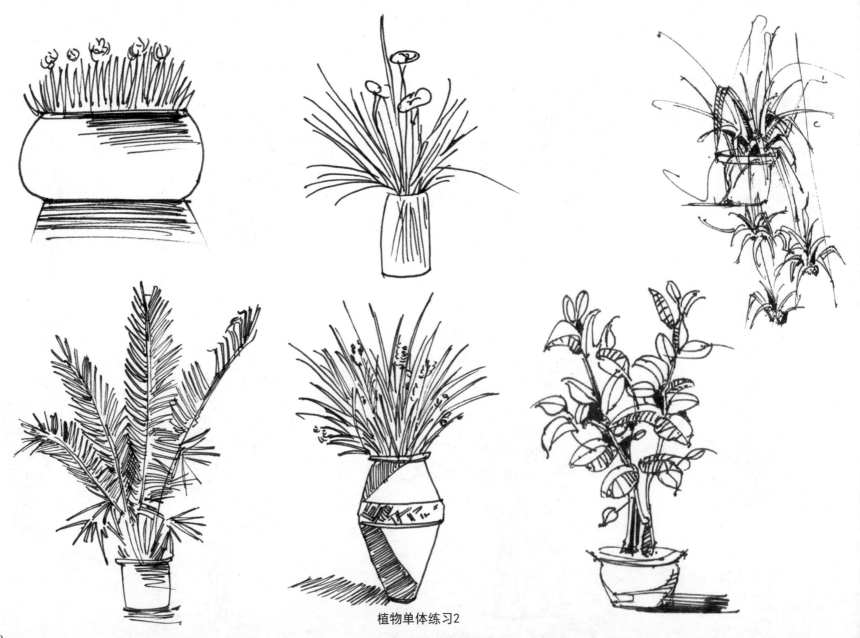

植物单体练习2

4.3 灯饰的画法

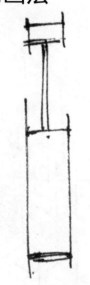

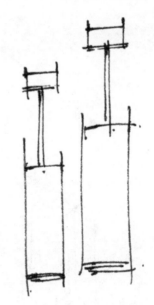

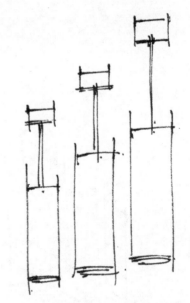

步骤一：用勾线笔勾勒出第一个吊灯。

步骤二：在第一个吊灯旁边再勾勒出一个吊灯。

步骤三：画出第三个吊灯组成一组。

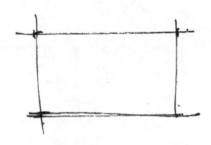

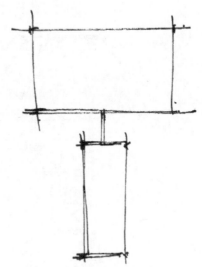

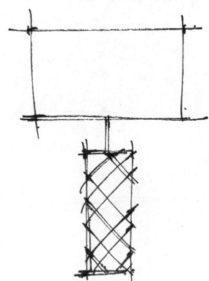

步骤一：用勾线笔勾勒出台灯的灯罩。

步骤二：画出台灯的底座。

步骤三：画出台灯底座上的纹理。

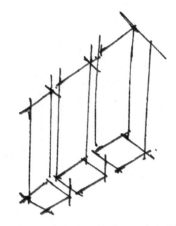

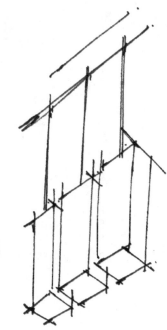

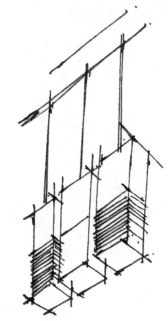

步骤一：用勾线笔勾勒出3个灯罩。　　　　步骤二：画出吊灯线和底座。　　　　步骤三：画出灯罩上的纹理。

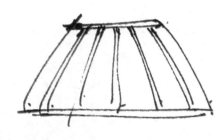

步骤一：用勾线笔勾勒出台灯的灯罩。　　　　步骤二：画出台灯的底座。　　　　步骤三：画出台灯底座上的阴影。

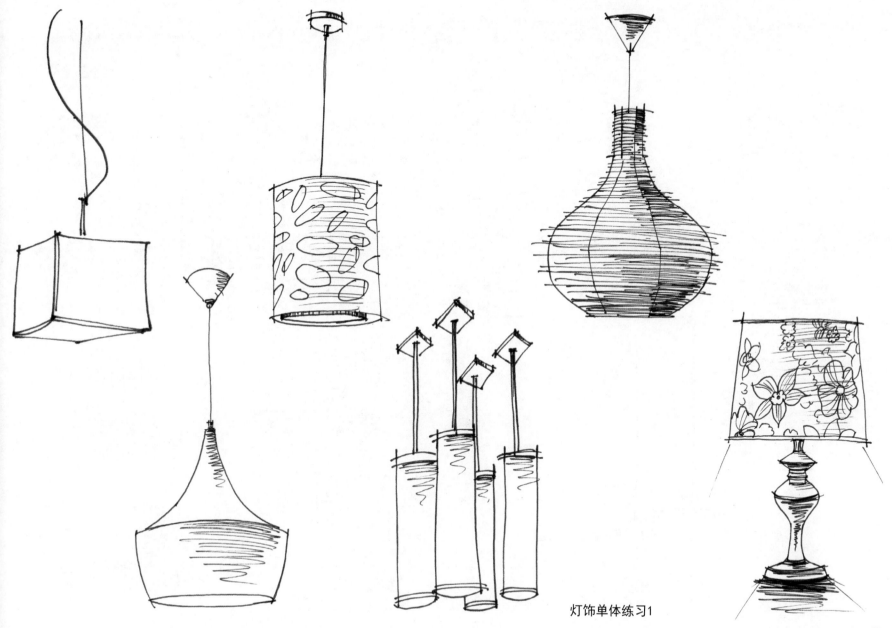

灯饰单体练习1

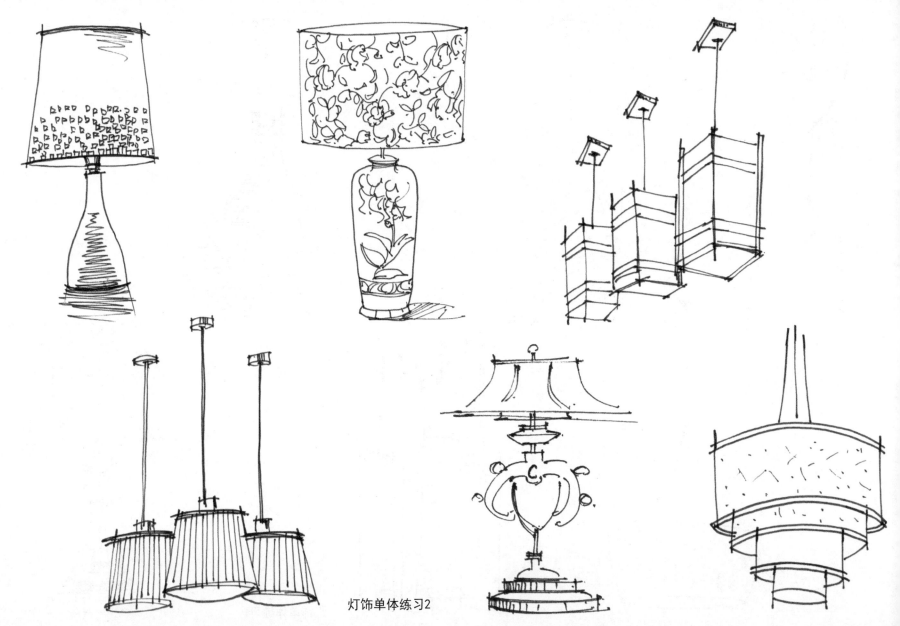

灯饰单体练习2

4.4 家具的画法

家具中的床、柜子、茶几、沙发、餐桌、椅子、电视等都是长方体造型。

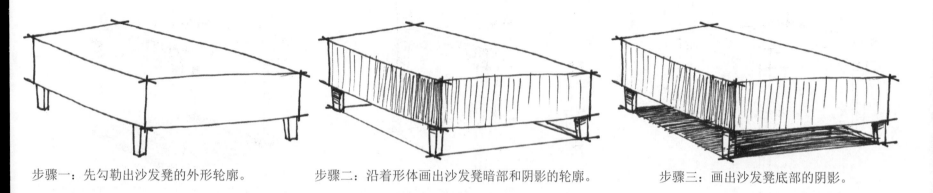

步骤一：先勾勒出沙发凳的外形轮廓。　　步骤二：沿着形体画出沙发凳暗部和阴影的轮廓。　　步骤三：画出沙发凳底部的阴影。

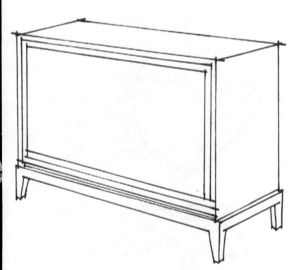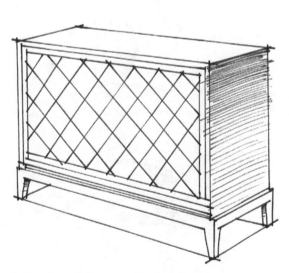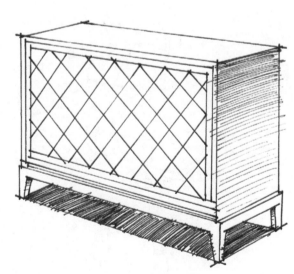

步骤一：画出柜子的外形轮廓，注意透视准确。　　步骤二：画出柜子正面细节和暗部阴影。　　步骤三：画出柜子底部的阴影。

步骤一：画出椅子的外形轮廓。

步骤二：画出椅子暗部和阴影轮廓。

步骤三：画出椅子的阴影，并完善画面细节。

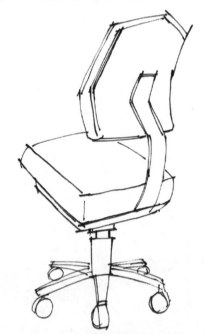

步骤一：画出转椅的外形轮廓。

步骤二：画出转椅坐垫和椅子腿的暗部。

步骤三：画出转椅底部的阴影。

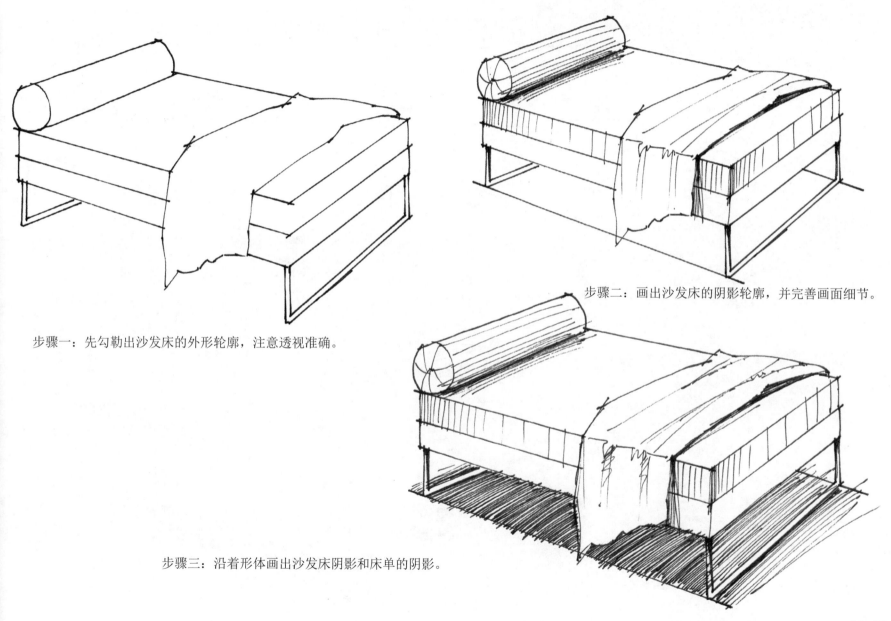

步骤一：先勾勒出沙发床的外形轮廓，注意透视准确。

步骤二：画出沙发床的阴影轮廓，并完善画面细节。

步骤三：沿着形体画出沙发床阴影和床单的阴影。

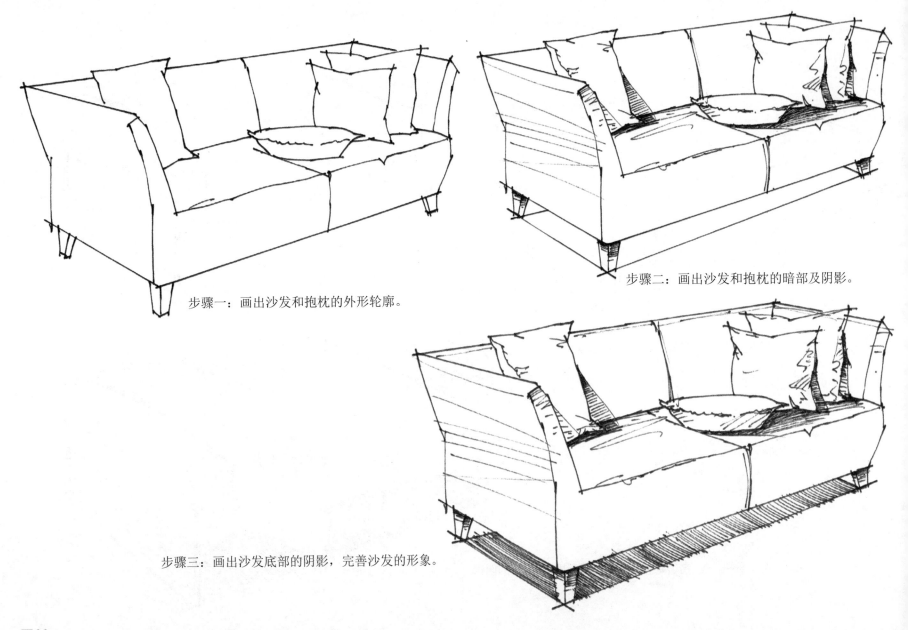

步骤一：画出沙发和抱枕的外形轮廓。

步骤二：画出沙发和抱枕的暗部及阴影。

步骤三：画出沙发底部的阴影，完善沙发的形象。

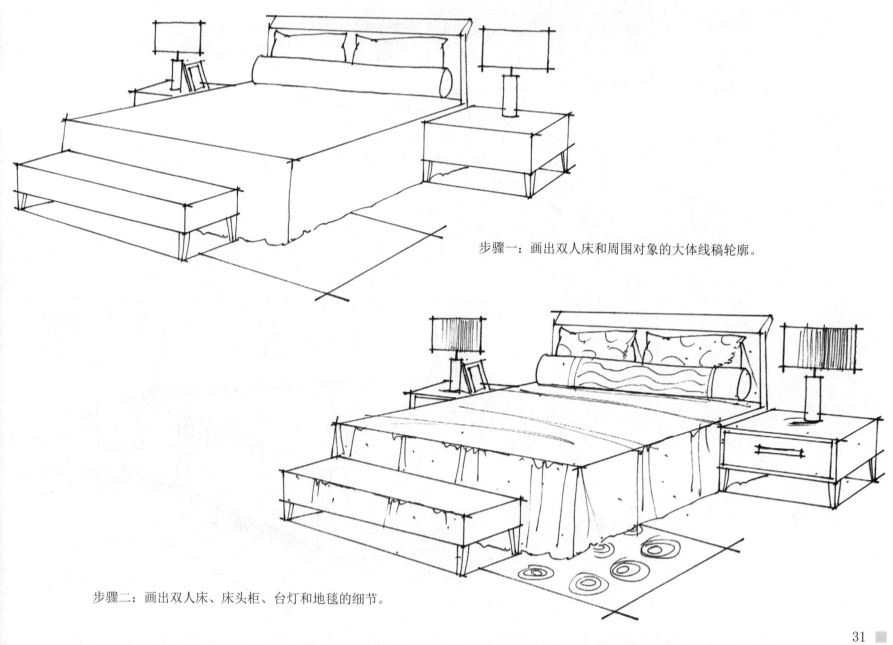

步骤一：画出双人床和周围对象的大体线稿轮廓。

步骤二：画出双人床、床头柜、台灯和地毯的细节。

31

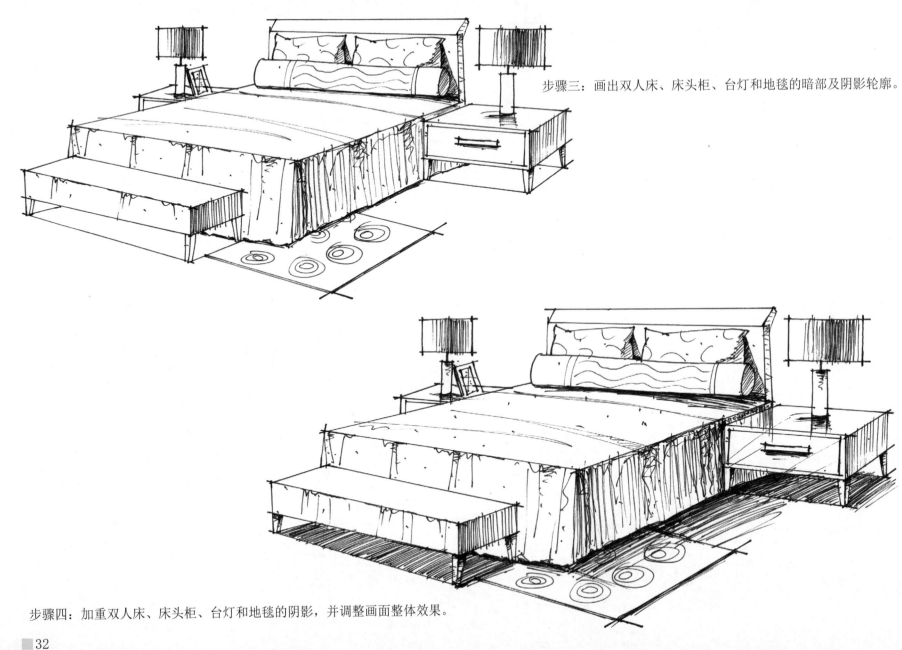

步骤三：画出双人床、床头柜、台灯和地毯的暗部及阴影轮廓。

步骤四：加重双人床、床头柜、台灯和地毯的阴影，并调整画面整体效果。

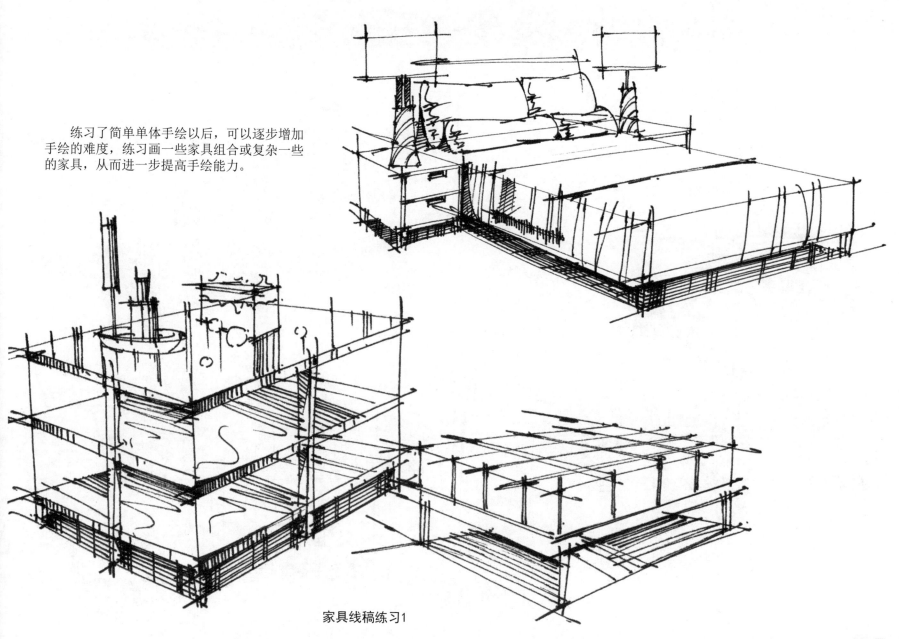

练习了简单单体手绘以后，可以逐步增加手绘的难度，练习画一些家具组合或复杂一些的家具，从而进一步提高手绘能力。

家具线稿练习1

对于沙发、椅子这样的家具，在表现时，既要把形体画准确，也要注意透视关系，同时可以画出对象的暗面和阴影，以增强立体感。

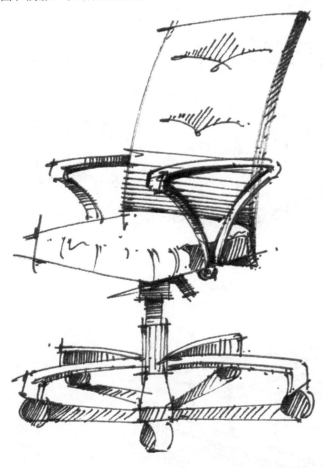

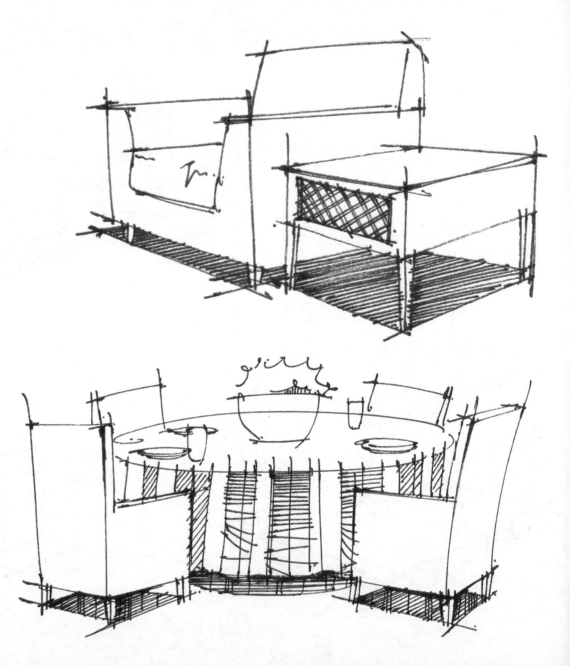

家具线稿练习2

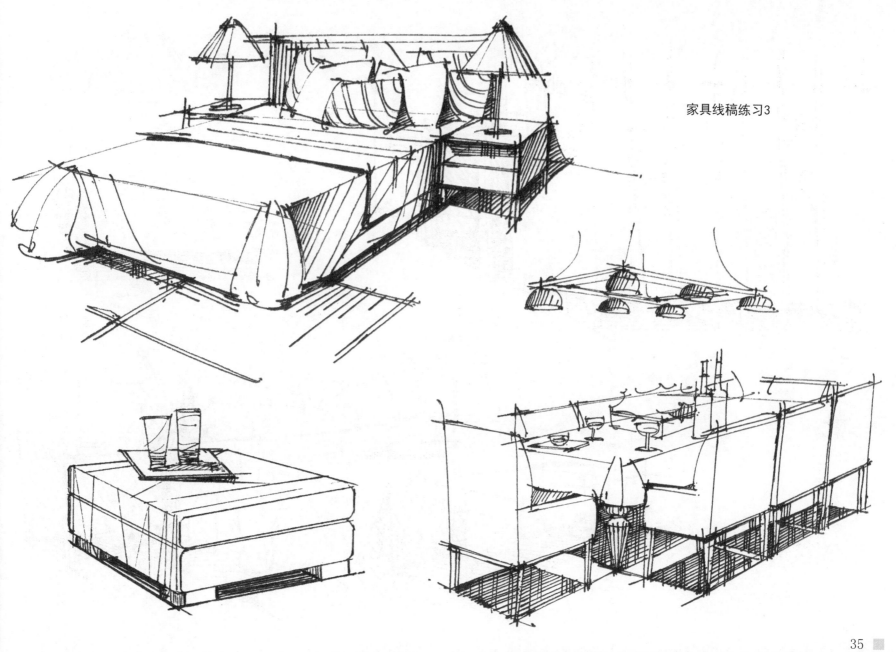

家具线稿练习3

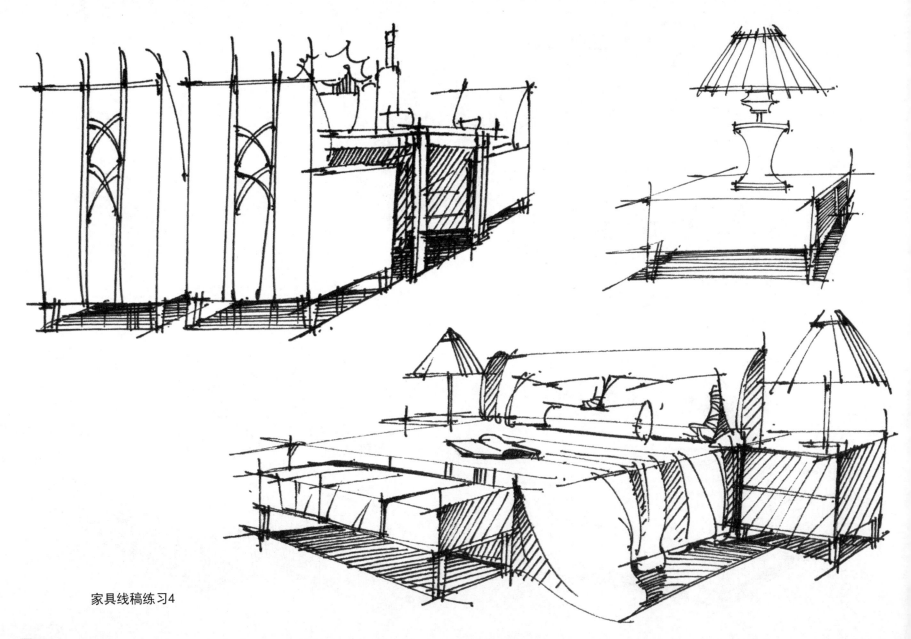

家具线稿练习4

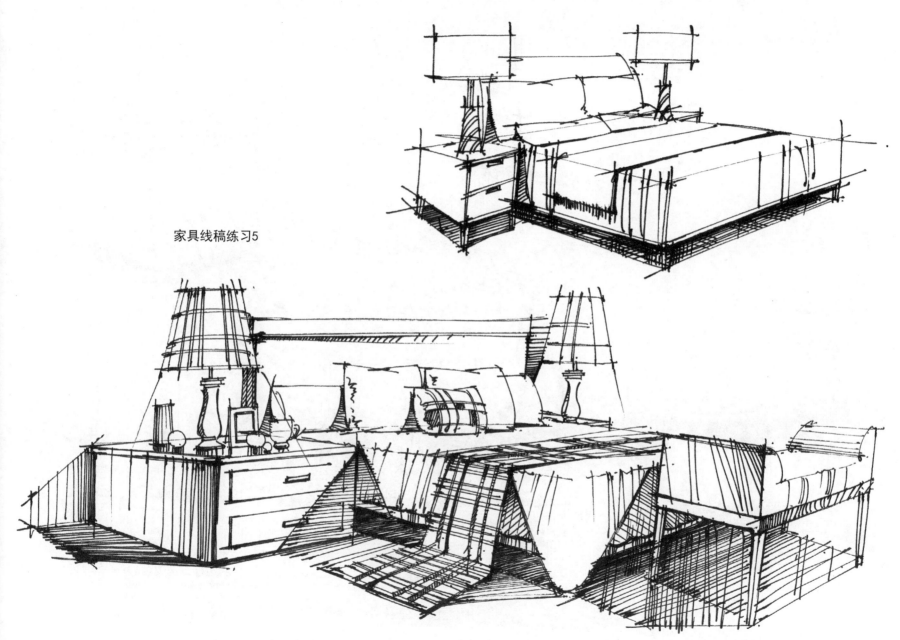

家具线稿练习5

37

家具线稿练习6

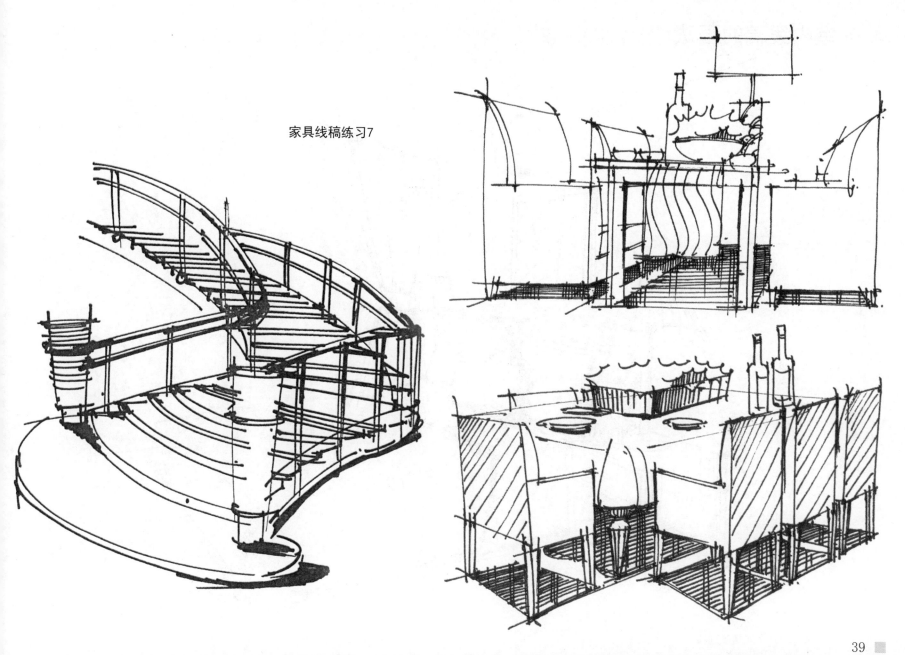

家具线稿练习7

4.5 室内线稿的画法

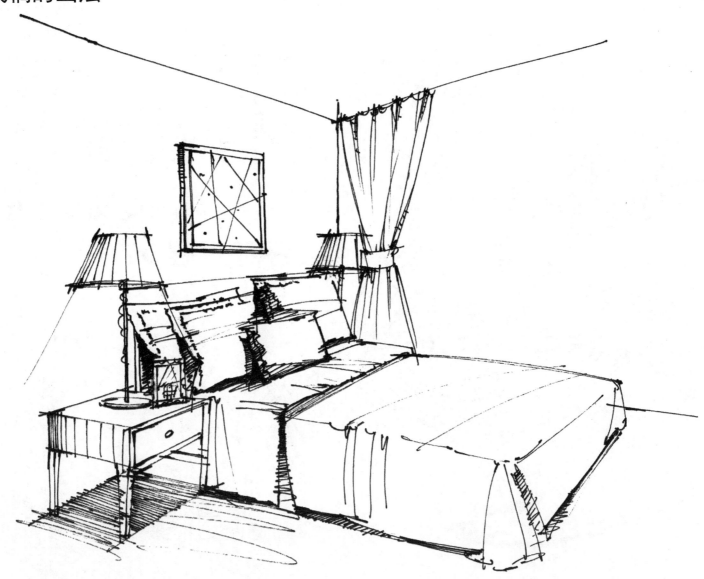

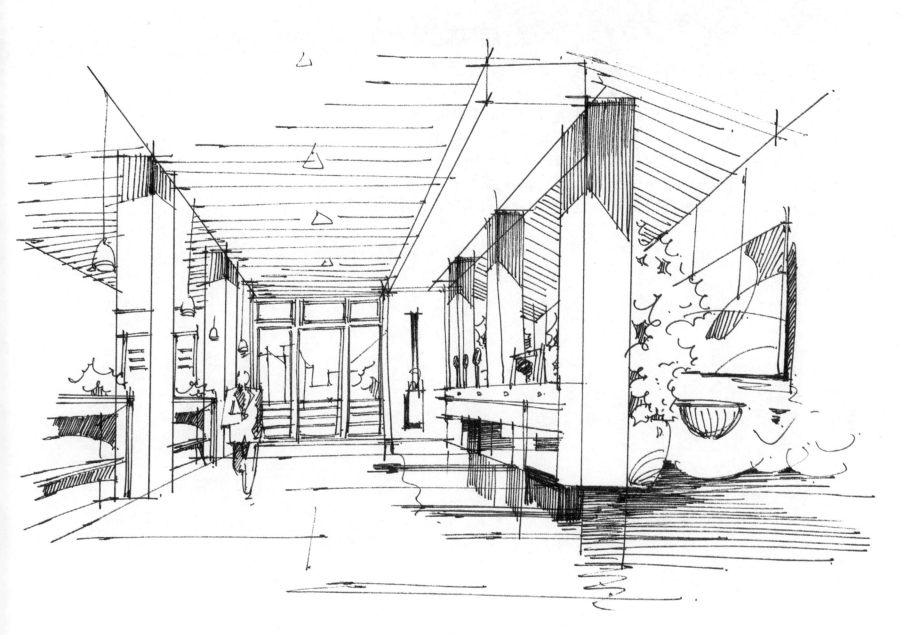

课 后 练 习

1. 选择本章抱枕对象进行临摹，注意体会用线和用笔。
2. 选择本章植物对象进行临摹，注意体会用线和用笔。
3. 选择本章灯饰对象进行临摹，注意体会不同灯饰的画法。
4. 选择家具对象进行临摹，注意将家具对象表现准确。
5. 选择家中家具单体对象，练习用线画出其线稿。
6. 选择一组室内陈设或一个局部，进行写生练习。
7. 选择本章室内线稿进行临摹，注意体会空间和家具的表现方法。

第5章　单体上色表现

5.1 花卉的画法

用马克笔给对象上色时，第一遍先铺出大体色调，然后逐步加重颜色，并画出对象的暗部。在上色的过程中，一定要先上浅色再覆盖较深的颜色。

步骤一：先用勾线笔画出花盆和叶子的线稿轮廓，然后画出阴影。

步骤二：用马克笔铺出叶子和花盆的大体色调。

步骤三：加深花盆和叶子的颜色，并点出花朵，画出阴影。

步骤四：进一步加深局部颜色，并点出花蕊。

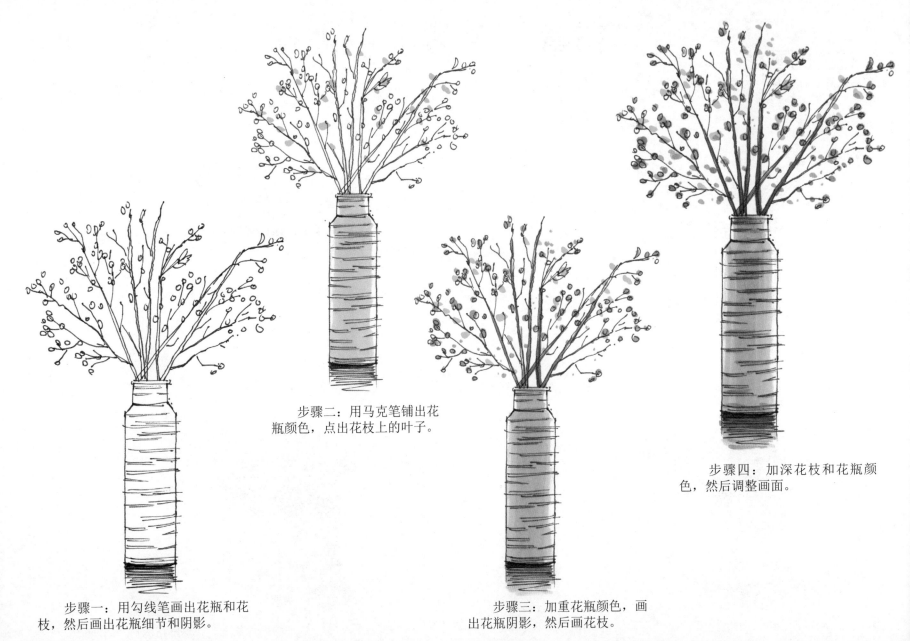

步骤二：用马克笔铺出花
瓶颜色，点出花枝上的叶子。

步骤四：加深花枝和花瓶颜
色，然后调整画面。

步骤一：用勾线笔画出花瓶和花
枝，然后画出花瓶细节和阴影。

步骤三：加重花瓶颜色，画
出花瓶阴影，然后画花枝。

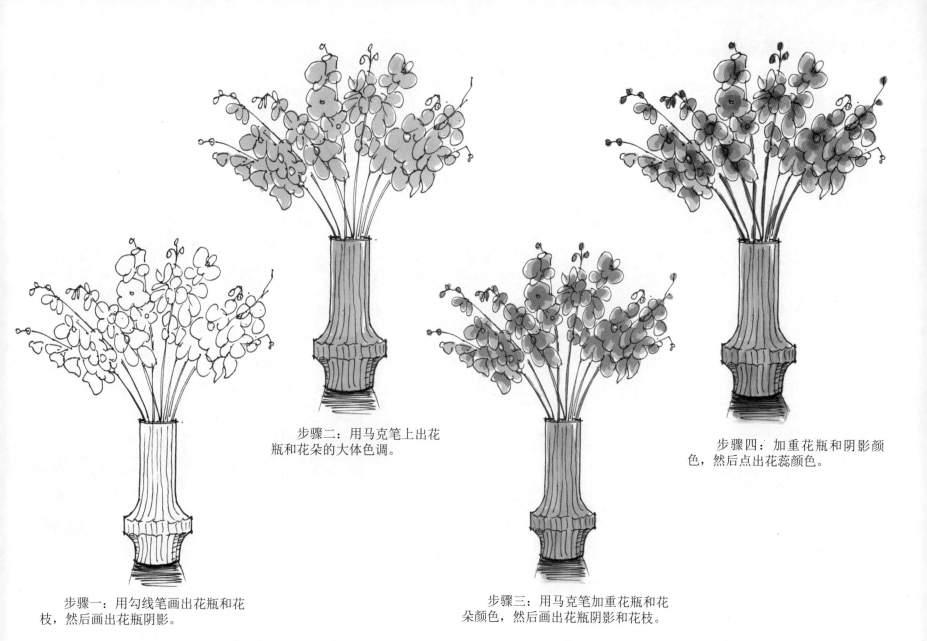

步骤一：用勾线笔画出花瓶和花枝，然后画出花瓶阴影。

步骤二：用马克笔上出花瓶和花朵的大体色调。

步骤三：用马克笔加重花瓶和花朵颜色，然后画出花瓶阴影和花枝。

步骤四：加重花瓶和阴影颜色，然后点出花蕊颜色。

5.2 灯饰的表现

步骤一：画出台灯的线稿轮廓，然后画出灯罩的花纹和阴影。

步骤二：用马克笔铺出灯罩、底座和阴影的大体色调。

步骤三：进一步上色，整体加重台灯和阴影的色调。

步骤四：深入表现台灯的颜色，并画出灯罩上花纹的细节。

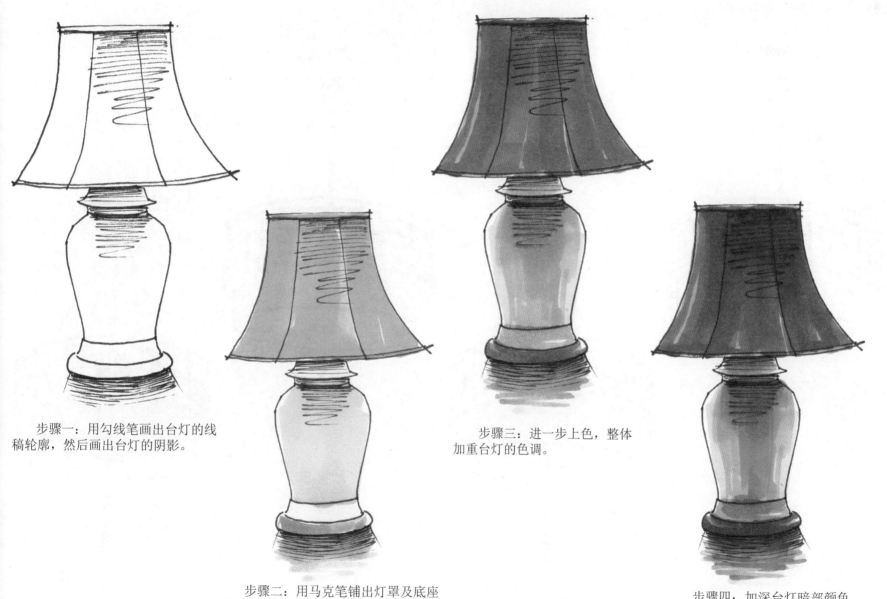

步骤一：用勾线笔画出台灯的线稿轮廓，然后画出台灯的阴影。

步骤二：用马克笔铺出灯罩及底座的大体色调。

步骤三：进一步上色，整体加重台灯的色调。

步骤四：加深台灯暗部颜色，拉开色差，表现出台灯的特点。

步骤一：用勾线笔画出中式吊灯的线稿轮廓，表现出吊灯的特点。

步骤二：用马克笔铺出中式吊灯的大体色调。

步骤三：进一步上色，整体加重中式吊灯的色调。

步骤四：表现中式吊灯的细节，突出吊灯的特点。

步骤一：用勾线笔画出吊灯的线稿轮廓，然后画出灯罩上的花纹。

步骤二：用浅色马克笔铺出吊灯的大体色调。

步骤三：进一步上色，逐步加重吊灯的色调。

步骤四：加重吊灯局部颜色，表现吊灯的特点。

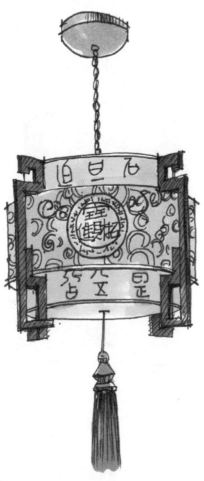

步骤一：用勾线笔画出吊灯的线稿轮廓，然后画出灯罩的花纹和细节。

步骤二：用马克笔铺出吊灯的大体色调。

步骤三：进一步上色，整体加重吊灯的色调。

步骤四：加重吊灯局部颜色，突出吊灯的特点。

5.3 单体家具的表现

步骤一：先画出椅子的外形轮廓，然后画出暗部和阴影，为上色做好准备。

步骤二：用浅色马克笔画椅子和阴影的大体颜色。

步骤三：沿椅子的形体加重椅子颜色，然后加重阴影的色调。　　步骤四：进一步加重椅子局部的颜色，拉开椅子的颜色层次。

步骤二：用红色马克笔整体画沙发的颜色，注意留出
高光，然后再画阴影的色调。

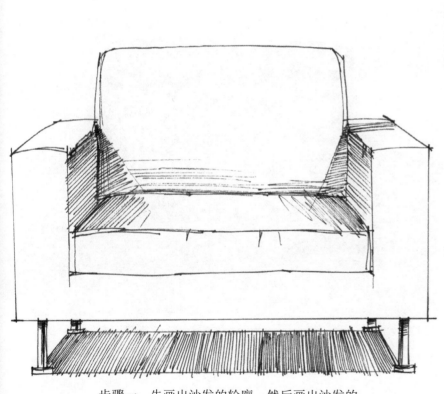

步骤一：先画出沙发的轮廓，然后画出沙发的
暗部和阴影。

步骤三：沿沙发的形体加重颜色，用笔要流畅、轻松。

步骤四：深入刻画，加重沙发阴影和暗部的颜色，注意明暗关系和整体效果。

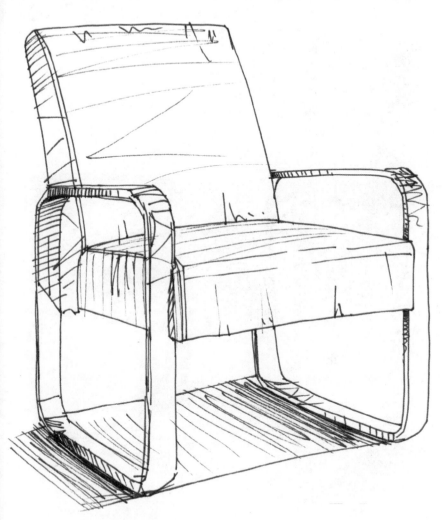

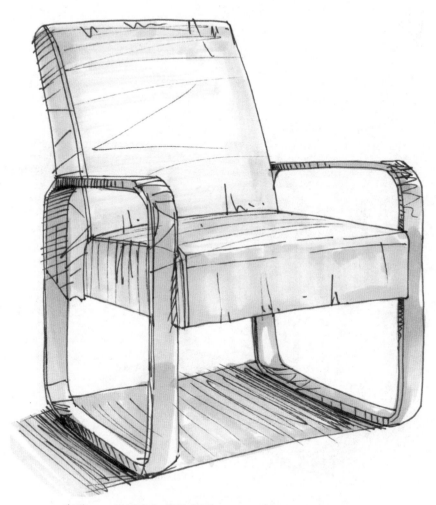

步骤一：先画出沙发的外形轮廓，然后画出暗部和阴影。

步骤二：用黑色勾线笔细致、深入地勾出沙发轮廓，注意沙发转折处的明暗关系，并画出对象阴影。

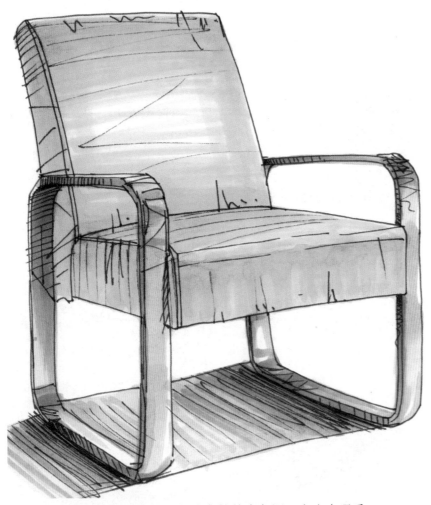

步骤三：用马克笔画出沙发的基本色调，突出表现重点，注意颜色要画得透明，用笔要流畅、轻松。

步骤四：深入刻画，加重暗部颜色，将沙发表现到位，注意明暗关系和整体效果。

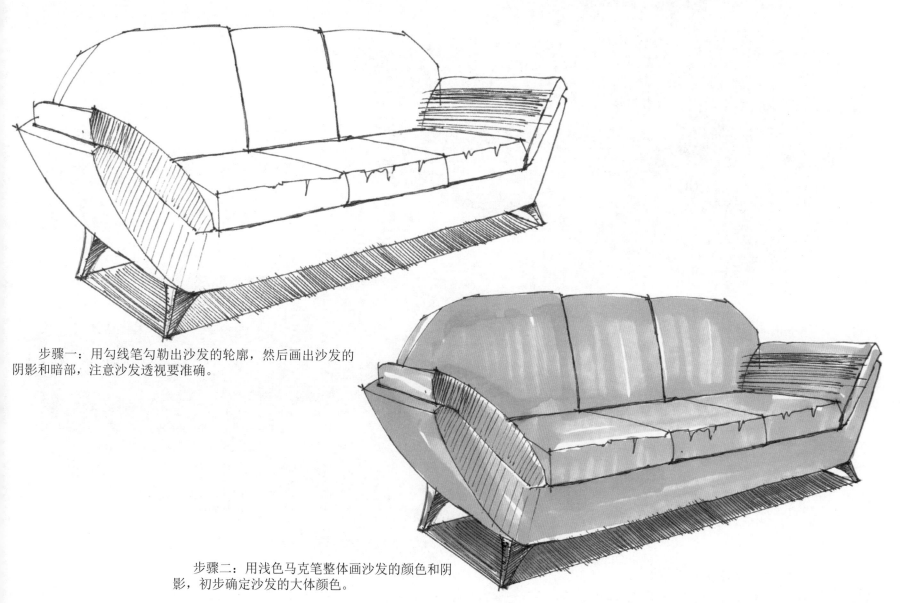

步骤一：用勾线笔勾勒出沙发的轮廓，然后画出沙发的阴影和暗部，注意沙发透视要准确。

步骤二：用浅色马克笔整体画沙发的颜色和阴影，初步确定沙发的大体颜色。

步骤三：用马克笔沿沙发形体进一步上色，注意颜色要上得透明，用笔要流畅、轻松。

步骤四：加重暗部颜色，拉开颜色对比，突出沙发的形体特点。

步骤一：先画出单人沙发和抱枕的轮廓，然后画出沙发的暗部和阴影。　　步骤二：用马克笔先画单人沙发和抱枕的颜色，然后再画阴影的颜色。

步骤三：进一步上色，加重单人沙发、抱枕和阴影的颜色。

步骤四：深入刻画，加重暗部颜色，突出单人沙发的特点。

5.4 组合家具的表现

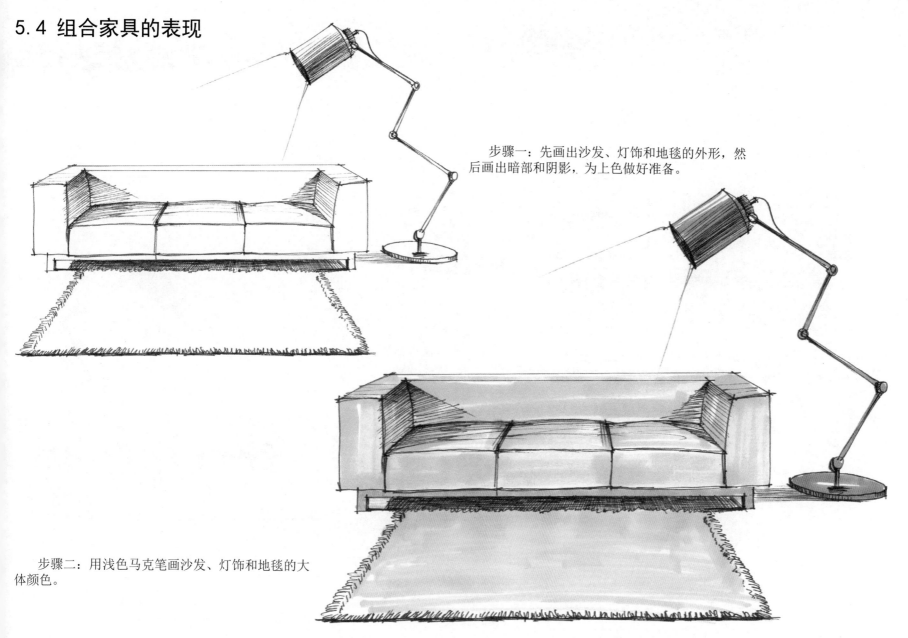

步骤一：先画出沙发、灯饰和地毯的外形，然后画出暗部和阴影，为上色做好准备。

步骤二：用浅色马克笔画沙发、灯饰和地毯的大体颜色。

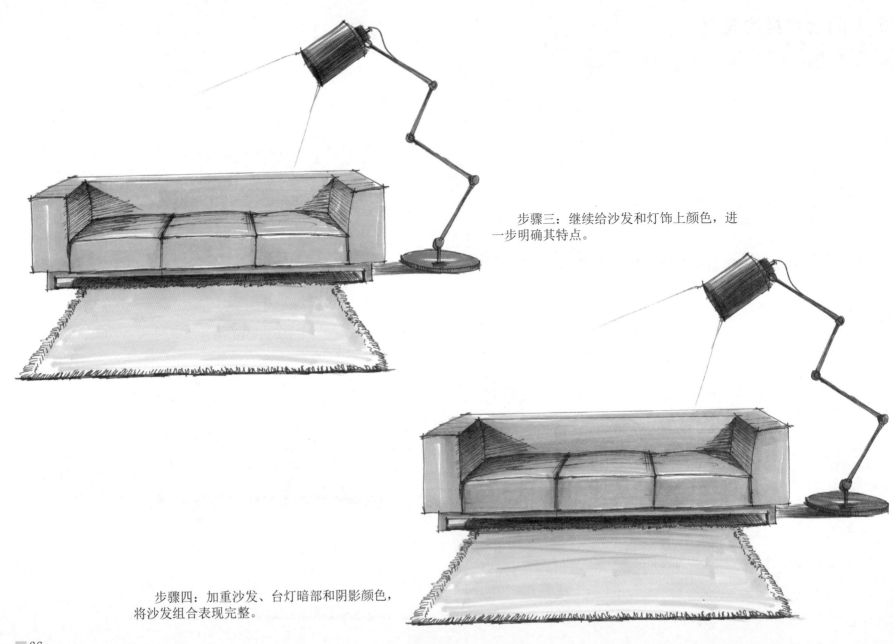

步骤三：继续给沙发和灯饰上颜色，进一步明确其特点。

步骤四：加重沙发、台灯暗部和阴影颜色，将沙发组合表现完整。

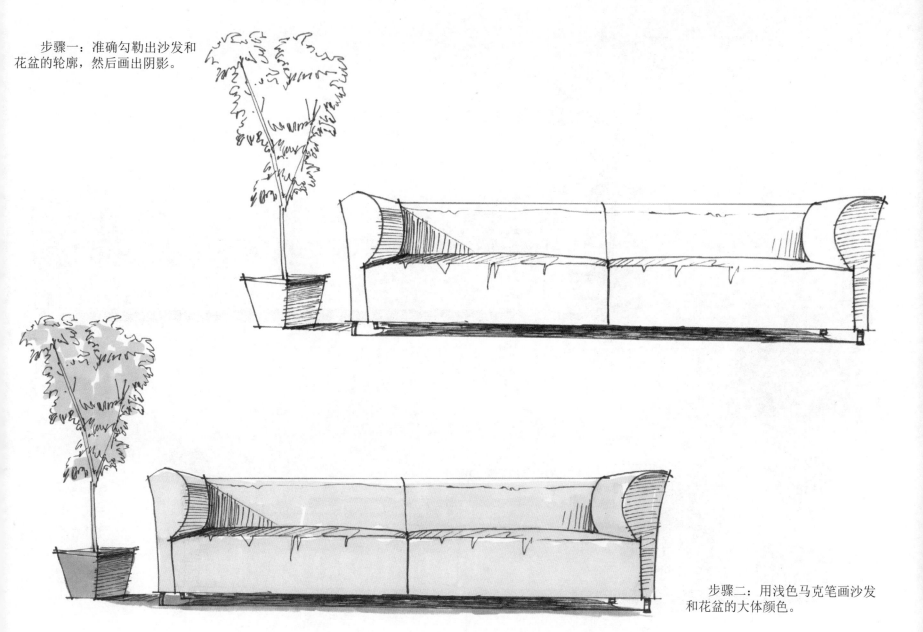

步骤一：准确勾勒出沙发和花盆的轮廓，然后画出阴影。

步骤二：用浅色马克笔画沙发和花盆的大体颜色。

步骤三：进一步给沙发和花
盆上色，肯定其颜色特点。

步骤四：加重沙发
和花盆暗部的颜色，拉
开颜色层次和对比。

步骤一：先用勾线笔勾勒出沙发、抱枕和灯的轮廓，然后画出暗部和阴影。

步骤二：整体画出沙发、抱枕和灯的大体颜色，然后画阴影色调。

步骤三：加重沙发、抱枕和灯暗部的颜色，逐步拉开颜色对比。

步骤四：继续加重沙发、抱枕、灯暗部与阴影的颜色，将画面表现完整。

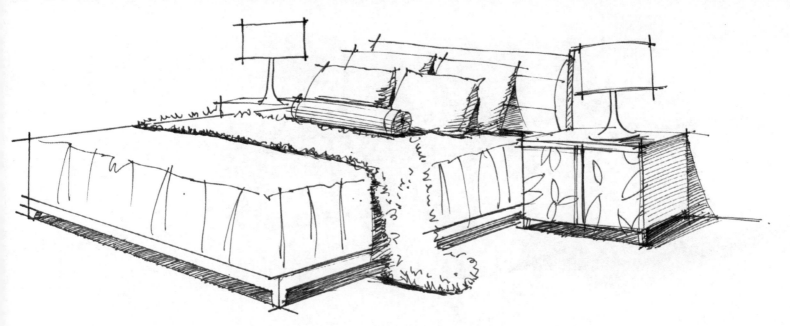

步骤一：先用勾线笔勾勒出床、床头柜、枕头和台灯的轮廓，然后画出阴影。

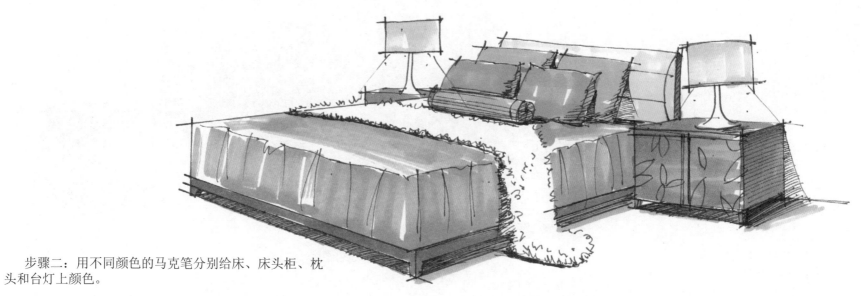

步骤二：用不同颜色的马克笔分别给床、床头柜、枕头和台灯上颜色。

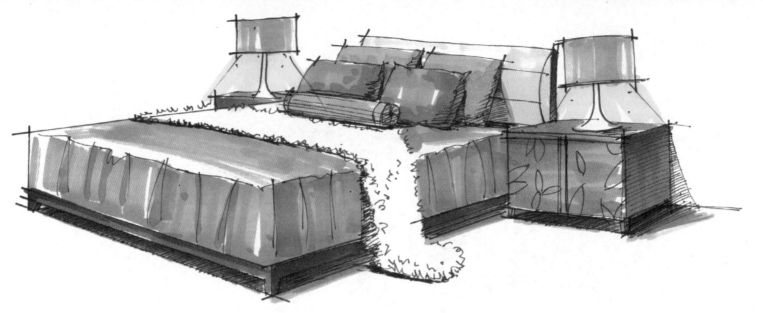

步骤三：进一步上色，分别加深床、床头柜、枕头和台灯暗部的颜色。

步骤四：局部加重床和床头柜暗部颜色，然后
加重阴影，增强画面对比。

5.5 家具表现作品范例

休闲沙发1

休闲沙发2

三人沙发

中式沙发

桌椅局部

沙发局部

课 后 练 习

1. 临摹本章花卉单体范例，先画出线稿，然后进行色彩临摹。
2. 临摹本章灯饰单体范例，先画出线稿，然后进行色彩临摹。
3. 临摹本章沙发单体范例，先画出线稿，然后进行色彩临摹。
4. 选择家中一个家具，进行手绘写生练习。
5. 找一些家具图片，练习用手绘表现出来。

第6章 室内局部手绘

6.1 椅子、茶几局部手绘

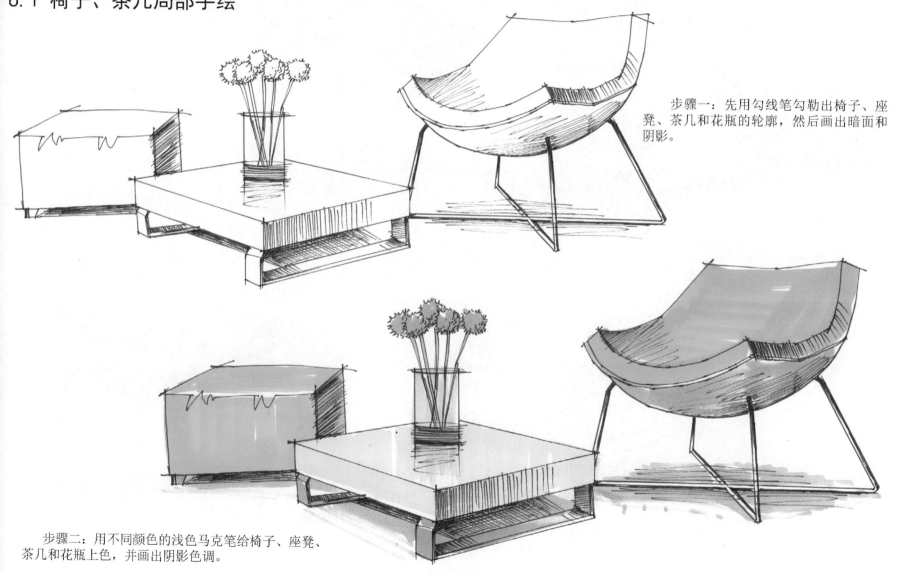

步骤一：先用勾线笔勾勒出椅子、座凳、茶几和花瓶的轮廓，然后画出暗面和阴影。

步骤二：用不同颜色的浅色马克笔给椅子、座凳、茶几和花瓶上色，并画出阴影色调。

步骤三：进一步给各单体上色，拉开颜色层次。

步骤四：整体加重椅子、座凳、茶几和花瓶暗部及阴影颜色，突出形体和对象特点。

6.2 沙发、灯饰局部手绘

步骤一：先用勾线笔勾勒出沙发、抱枕、灯、花瓶和地毯的轮廓，然后画出暗面和阴影。

步骤二：用不同颜色的马克笔画出沙发、抱枕、灯、花瓶和地毯的大体颜色，注意留出高光。

步骤三：沿形体加重沙发、抱枕、灯、花瓶和地毯的颜色。

步骤四：进一步加重沙发、灯、花瓶和地毯的暗部颜色，将画面效果表现到位。

6.3 沙发、花瓶局部手绘

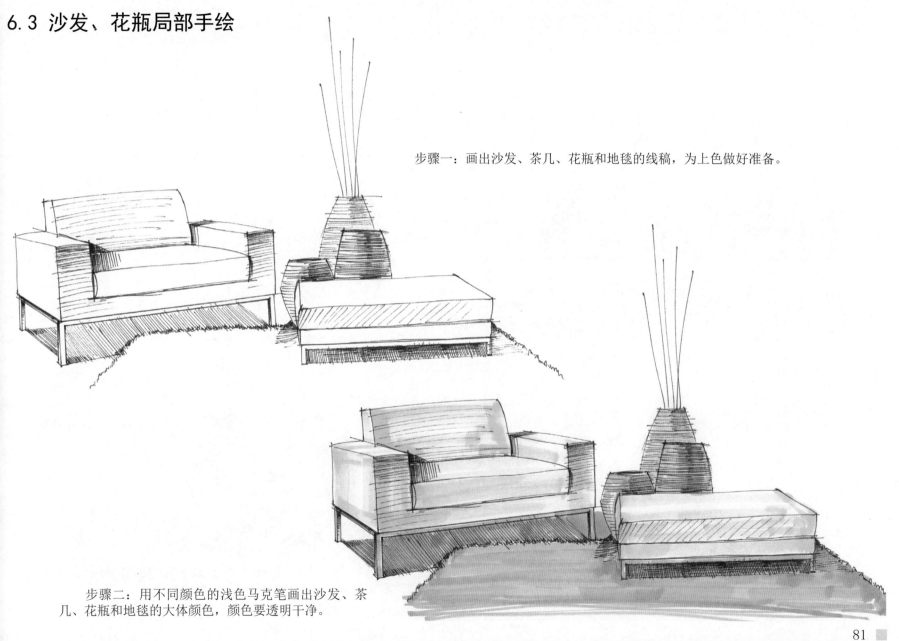

步骤一：画出沙发、茶几、花瓶和地毯的线稿，为上色做好准备。

步骤二：用不同颜色的浅色马克笔画出沙发、茶几、花瓶和地毯的大体颜色，颜色要透明干净。

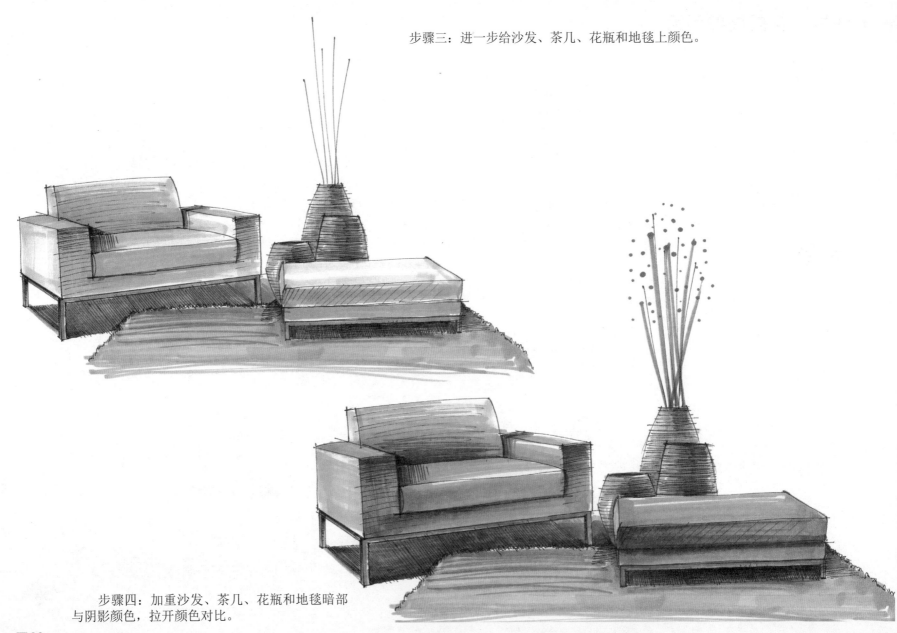

步骤三：进一步给沙发、茶几、花瓶和地毯上颜色。

步骤四：加重沙发、茶几、花瓶和地毯暗部
与阴影颜色，拉开颜色对比。

6.4 沙发、灯饰和花盆局部手绘

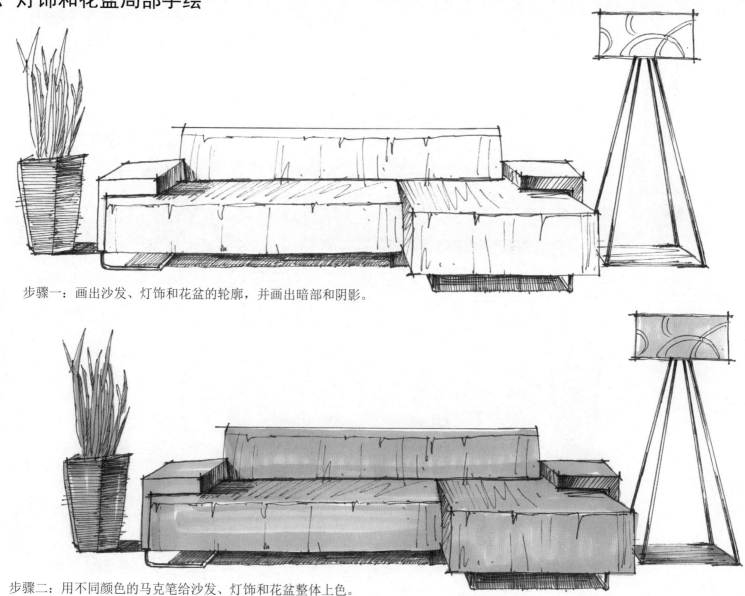

步骤一：画出沙发、灯饰和花盆的轮廓，并画出暗部和阴影。

步骤二：用不同颜色的马克笔给沙发、灯饰和花盆整体上色。

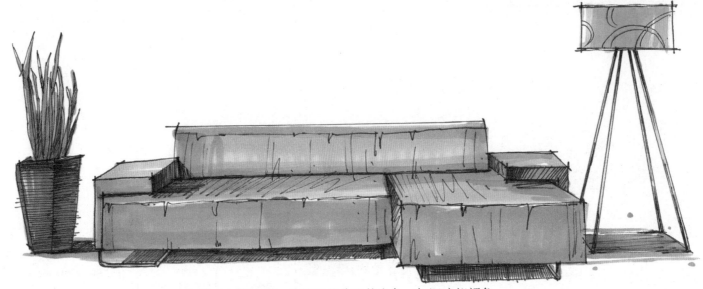

步骤三：沿沙发、灯饰和花盆形体上色，加深暗部颜色。

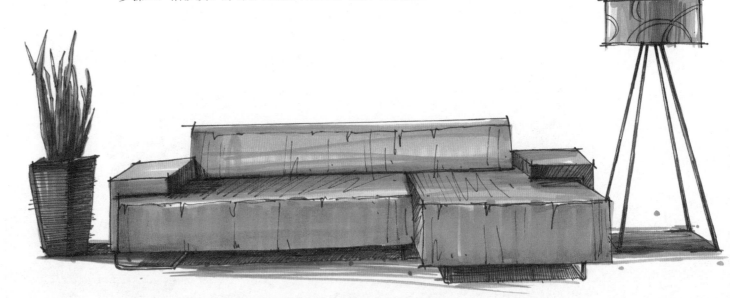

步骤四：进一步上色，注意笔触灵活，将画面效果表现到位。

6.5 沙发组合局部手绘

步骤一：画出沙发组合对象的轮廓和阴影，将线稿表现到位。

步骤二：用浅色马克笔画出沙发组合对象的大体颜色。

步骤三：整体加重沙发组合对象的颜色和阴影颜色。

步骤四：加深沙发组合暗部颜色和阴影颜色，点出细节，完善画面。

6.6 会客区局部手绘

步骤一：用铅笔勾勒出休闲椅局部的轮廓。

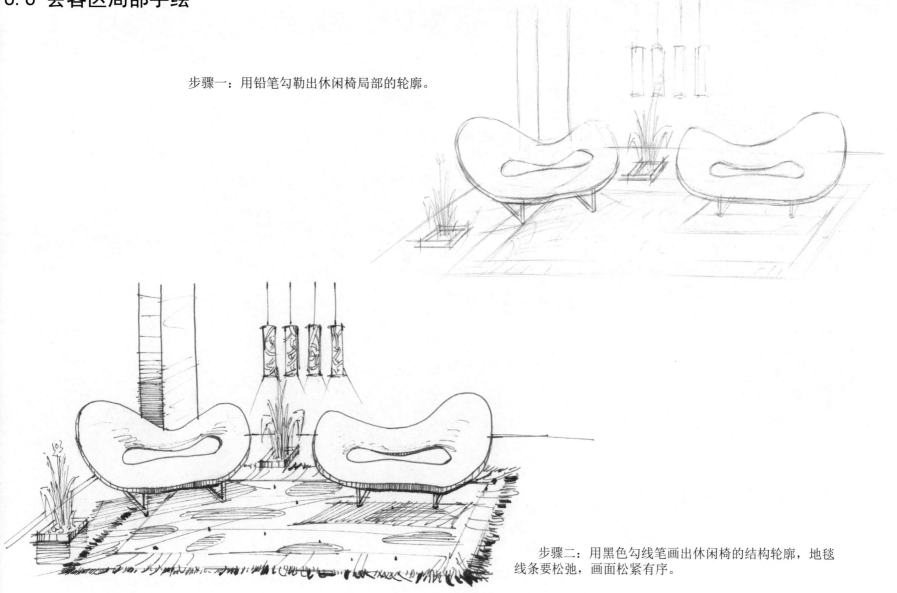

步骤二：用黑色勾线笔画出休闲椅的结构轮廓，地毯线条要松弛，画面松紧有序。

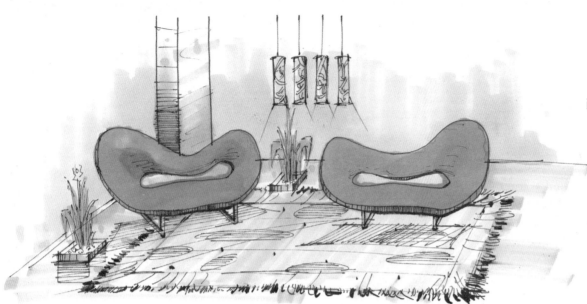

步骤三：用马克笔画出物体固有色，为深入刻画留下余地。

步骤四：加强座椅及地毯关系，拉开层次，注意主次，地毯花纹点到为止，突出表现重点。

6.7 电视柜局部手绘

步骤一：用铅笔画长线条，勾勒出对象的大体轮廓。注意构图和透视要有美感。

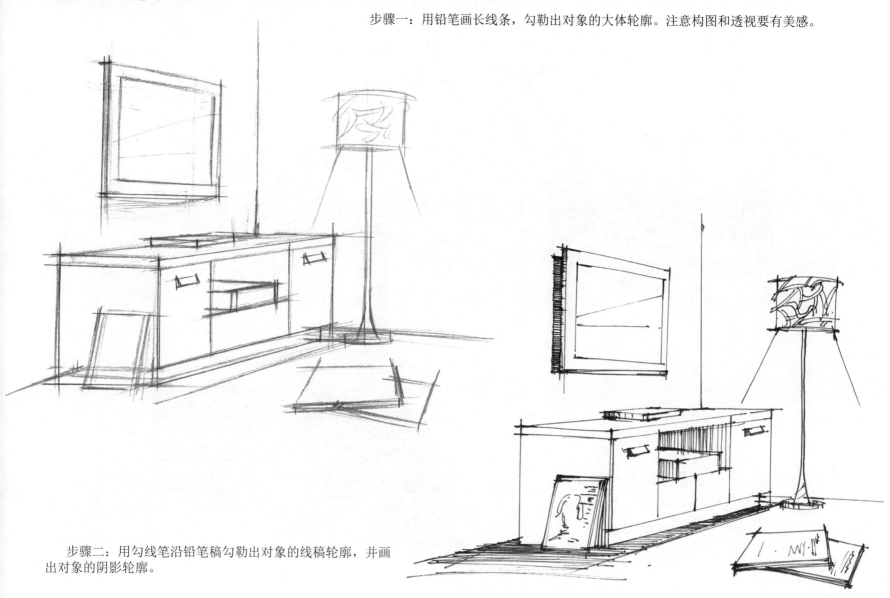

步骤二：用勾线笔沿铅笔稿勾勒出对象的线稿轮廓，并画出对象的阴影轮廓。

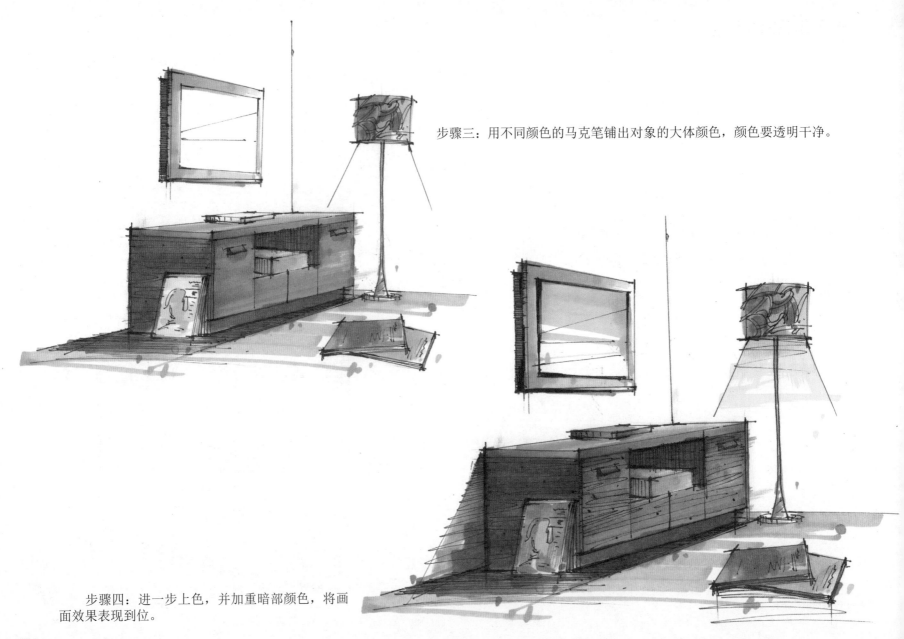

步骤三：用不同颜色的马克笔铺出对象的大体颜色，颜色要透明干净。

步骤四：进一步上色，并加重暗部颜色，将画面效果表现到位。

6.8 玄关局部手绘

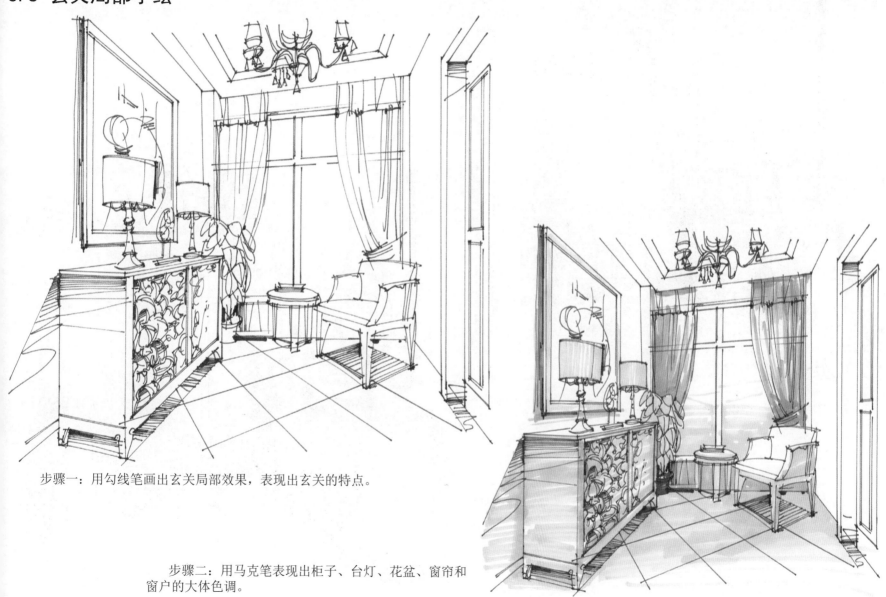

步骤一：用勾线笔画出玄关局部效果，表现出玄关的特点。

步骤二：用马克笔表现出柜子、台灯、花盆、窗帘和窗户的大体色调。

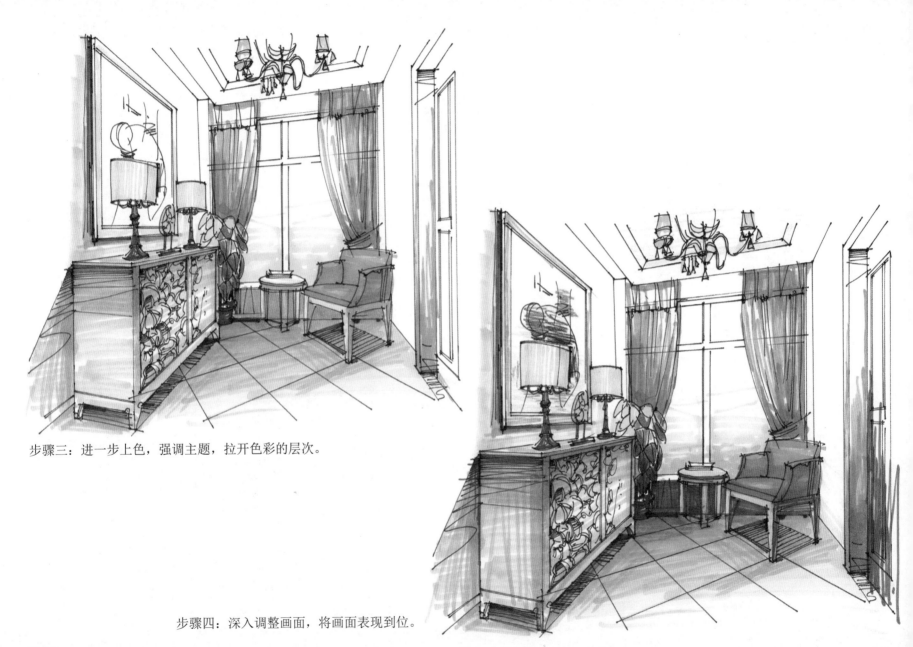

步骤三：进一步上色，强调主题，拉开色彩的层次。

步骤四：深入调整画面，将画面表现到位。

6.9 局部表现作品范例

课 后 练 习

1. 选择本章室内局部手绘案例，按步骤临摹2～3幅。
2. 参考本章范例，选择家中客厅局部进行写生练习。
3. 选择几种卧室局部，先画铅笔稿，然后勾黑色线，最后用马克笔上颜色。
4. 选择一些优秀的家装设计效果图，有选择地进行局部手绘练习。
5. 自己设计一个客厅背景墙造型，用手绘形式表现出自己的设计构思。

第7章　家装空间手绘表现

7.1 室内手绘表现要点

（1）在设计构思成熟后，确定表现思路，如表现角度、透视关系、空间形体的前后顺序等，明确需要表现的重点。

（2）通常由整体透视关系入手，并以其作为参照，绘制家具和配景的透视与比例关系，同时要注意线条因地制宜地运用，包括如何运用不同类型的线条塑造材质各异的形体，并表现其质感。

（3）着色的基本原则是由浅入深，通盘考虑画面整体色调，用彩铅绘制形体的过渡面。

（4）采用不同明度、纯度的马克笔逐层着色，进一步肯定形体、拉开画面的明暗层次关系。

（5）绘制室内配景一般从视觉中心着手，先根据对象的色彩、材质，整体描绘物体的灰面和暗部，以产生整体空间的明暗关系，再采用同色系低明度的色彩绘制暗部，绘制时要考虑到物体的形体转折、材质肌理及光源因素等问题。

（6）在着色的过程中，要注意通过笔触的虚实、粗细、轻重等变化来表现对象的材质。对于环境中色彩、材质相近的物体，绘制应做到同步处理，以提高绘制效率。

（7）处理地面时不宜画满，交代好其受光因素及与环境中其他物体相互影响关系即可，其他部分则可进行留白处理。

（8）绘制画面中其他相关配景，大致交代其色彩、形体、材质及受光因素即可。初步绘制完成后，对画面的空间层次、虚实关系进行统一调整，同时要把环境色因素考虑进去。

（9）绘制高光。高光是一幅图的"点睛之笔"，能进一步产生明暗关系，强调形态和明确材质。值得注意的是，在表现图中，为了使画面更有层次感，会在暗部也点取高光。

7.2 室内手绘表现步骤及方法

（1）将设计构思在纸面上迅速勾勒出来，注意把握空间和形体透视。

（2）进一步绘制其他相关配景，在这一过程中要明确表现重点，把握画面的整体虚实关系，知道孰轻孰重。

（3）把握各物体的色彩、材质特征，用明度较高、纯度较低的色彩绘制形体的整体关系。

（4）用同色系、明度较低的颜色绘制物体的暗部和投影，注意推敲画面整体虚实关系及色彩冷暖变化，同时环境色因素也要考虑进去。

（5）绘制高光，进一步确定物体形态、材质属性，产生明暗对比关系。注意画面颜色要统一。

7.3 书房效果表现

步骤一：画出书房的线稿轮廓，并画出室内的陈设，注意透视要准确。

步骤二：用不同颜色的马克笔画出书桌、书柜、地面、墙面和窗户的大体颜色。

步骤三：继续上色，用不同颜色的马克笔画出窗帘、书和吊灯的颜色，并画出地面阴影。

步骤四：用不同颜色马克笔画出椅子和陈设品的颜色，并用高光笔点取高光，完善画面。

7.4 餐厅效果表现（一）

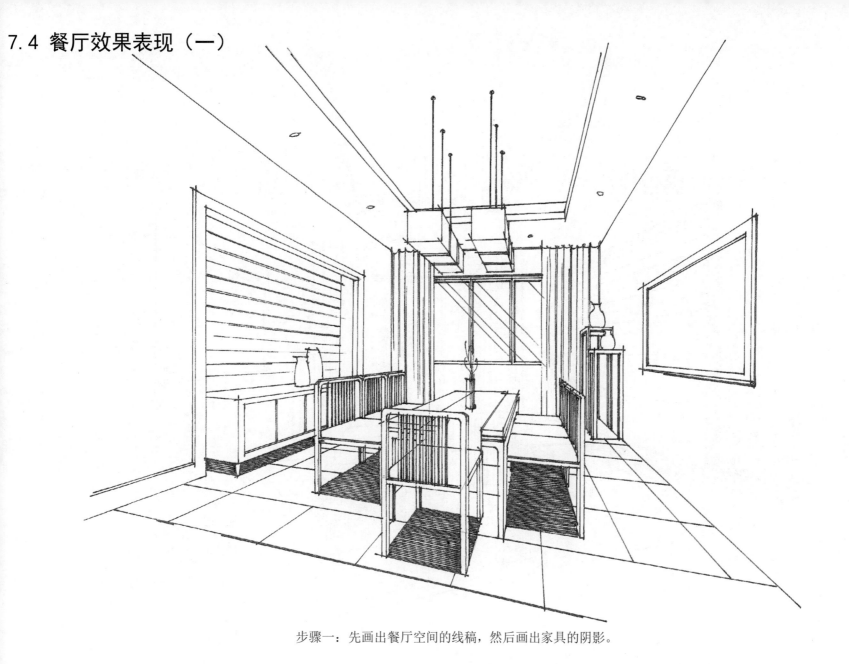

步骤一：先画出餐厅空间的线稿，然后画出家具的阴影。

步骤二：用不同颜色的马克笔整体画出墙面、顶面和地面的大体颜色。

步骤三：用不同颜色的马克笔画出餐桌、灯饰、墙画和窗帘的颜色。

步骤四：加深局部颜色，拉开颜色层次，然后点取高光，调整画面效果。

步骤一：用勾线笔画出餐厅的线稿轮廓，将餐桌和墙面表现准确。

步骤二：用不同颜色马克笔给餐桌、灯饰、墙面、窗户和地面铺一遍大体的色调。

步骤三：先画出餐桌上面物品的细节，然后给窗帘上色，接着加重柜子、顶面和地面的颜色。

步骤四：给柜子上的陈设上色，然后用高光笔点取高光，调整画面效果。

步骤一：先用勾线笔勾勒出餐厅的线稿，然后画出餐桌和椅子的阴影，注意表现出空间特点。

步骤二：用浅色马克笔整体铺出墙面、地面和吊顶的大体颜色。

步骤三：用不同颜色马克笔给餐桌、椅子、吊灯、柜子、台灯、窗户和墙画等上颜色。

步骤四：加重局部颜色，画出餐桌和柜子的暗面及阴影，然后调整画面效果。

7.7 中式卧室效果表现

步骤一：用勾线笔勾勒出中式卧室的线稿，表现出中式卧室空间的特点。

步骤二：用不同颜色的浅色马克笔给中式卧室空间先铺一遍大体的色调，初步画出大体效果。

步骤三：用不同颜色马克笔分别给家具、窗帘、地毯和电视上颜色。

步骤四：加深局部颜色，然后用彩铅调整画面，并用高光笔点取画面高光。

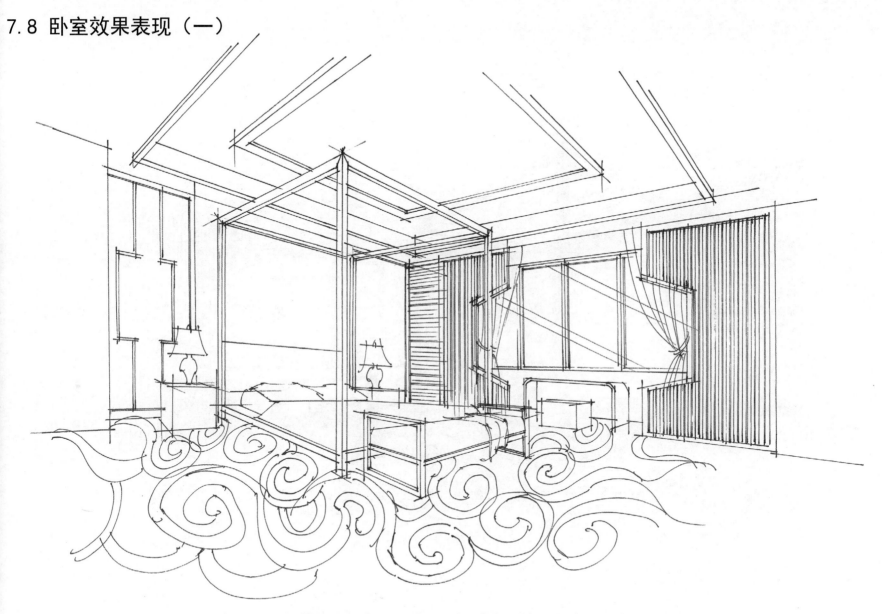

步骤一：用勾线笔画出卧室吊顶、墙面、床和窗帘，然后画出地毯的图案。

步骤二：用不同颜色马克笔给床、墙面、台灯和地毯等铺上大体色调，并画出床的阴影。

步骤三：用不同颜色马克笔给墙面、窗帘、吊顶和窗户上颜色。

步骤四：先画出墙画，然后用高光笔给床画高光，将卧室效果表现完善。

7.9 卧室效果表现（二）

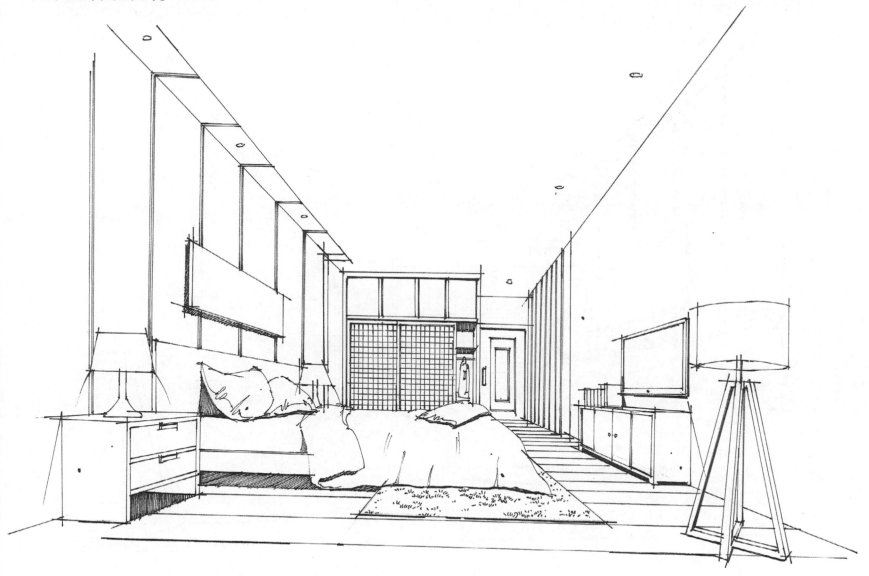

步骤一：用勾线笔画出卧室空间的线稿，并画出室内的陈设，最后画出家具阴影。

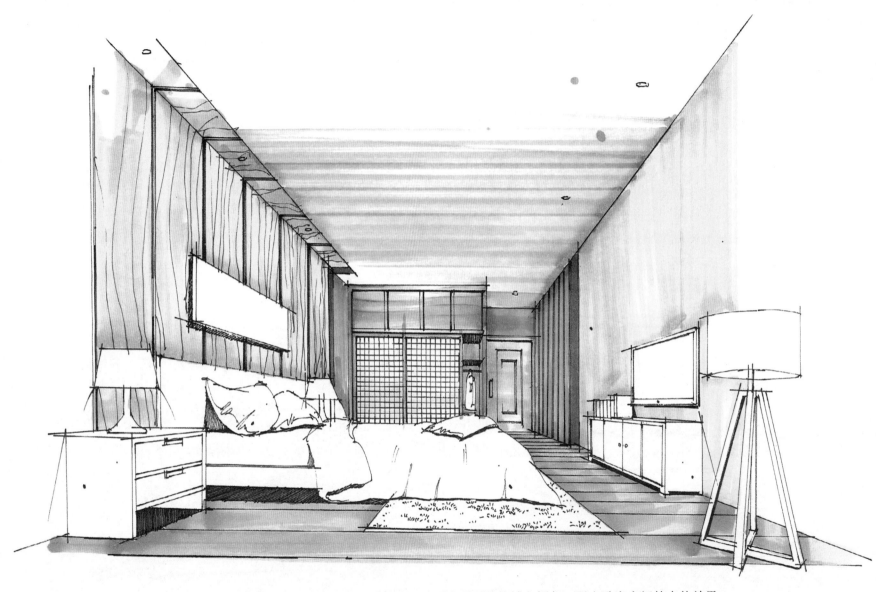

步骤二：用不同颜色马克笔给卧室空间的墙面、地面和顶面整体铺上颜色，画出卧室空间的大体效果。

步骤三：进一步上颜色，用不同颜色的马克笔分别给室内家具上颜色，丰富和完善画面色调。

步骤四：画出家具暗部色调，然后整体调整卧室空间效果，将卧室效果表现完整。

步骤一：用勾线笔勾勒出卧室空间的线稿，表现出卧室的特点，注意线条的流畅和透视的准确。

步骤二：用不同颜色的浅色马克笔先铺出地面、墙面和顶面的大体颜色，表现出卧室空间的效果。

步骤三：用不同颜色的马克笔给床、床头柜、窗帘和灯饰等上颜色，注意用色要保持透明，画面要明快。

步骤四：加重床、床头柜、窗帘、地面和顶面的颜色，拉开颜色层次，表现出室内的特点。

步骤一：用勾线笔勾勒出卧室的线稿轮廓，表现出卧室的特点，注意线条的流畅和透视的准确。

步骤二：用不同颜色马克笔铺出地面、墙面、窗户和顶面的大体颜色，注意用笔方向和笔触。

步骤三：用不同颜色马克笔分别给家具、窗帘、电视和灯饰上色，进一步完善卧室空间效果。

步骤四：加重卧室空间局部颜色，拉开颜色层次，最后调整画面，将卧室空间表现充分。

7.12 中式客厅效果表现

步骤一：用勾线笔画出中式客厅的线稿轮廓，注意表现出中式家具和空间的特点。

步骤二：用不同颜色马克笔先给沙发、电视柜、屏风上色，然后再给地面、窗帘、吊灯和顶面上色。

步骤三：进一步给墙面和窗户上颜色，然后加深家具、地面和顶面暗部颜色，丰富画面的色调。

步骤四：用不同颜色马克笔给抱枕、花瓶和电视上色，并用高光笔点出高光，然后调整画面整体效果，将室内效果表现完整。

7.13 客厅效果表现（一）

步骤一：画出客厅的线稿轮廓，并画出室内的陈设，注意画面透视要准确。

步骤二：先用不同颜色马克笔上出墙面和家具的大体颜色，然后上出地面和顶部的颜色。

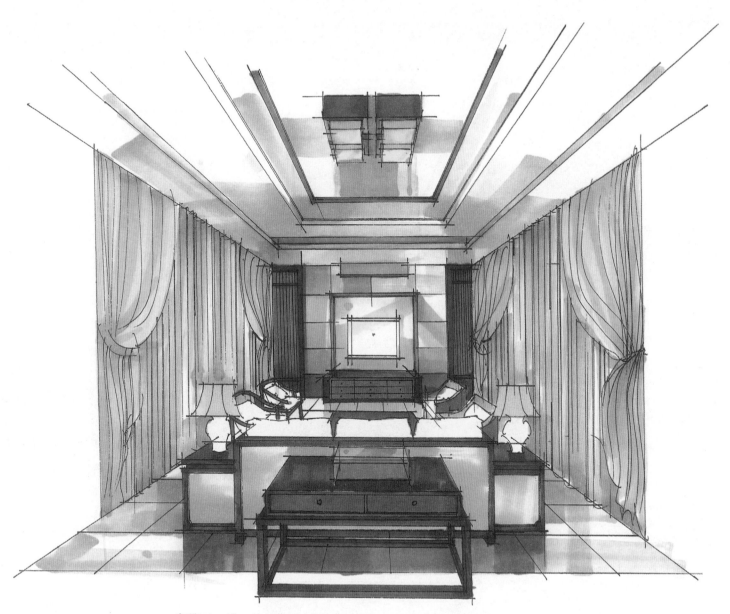

步骤三：进一步完善墙面和家具颜色，然后给窗帘上颜色，并加深阴影色调。

步骤四：将家具颜色画完整，并调整画面整体效果，将室内效果表现完善。

7.14 客厅效果表现（二）

步骤一：用勾线笔画出客厅的线稿轮廓，并画出室内的陈设，再画出家具的阴影。

步骤二：用浅色马克笔给客厅空间先铺一遍大体的色调，注意颜色要干净透明，画面要整洁。

步骤三：进一步加深家具颜色，并画出窗户、电视颜色，丰富画面的色调。

步骤四：用高光笔点取高光，然后调整画面整体效果，将室内效果表现完整。

7.15 客厅效果表现（三）

步骤一：先用勾线笔勾勒出客厅空间和家具的轮廓，然后画出家具阴影，注意要将透视画准确。

步骤二：用浅色马克笔整体铺出地面、墙面和顶面的大体颜色，画面颜色要干净、透明。

步骤三：用不同颜色马克笔给家具、地毯、窗帘和灯上颜色，然后加重地面和阴影的颜色。

步骤四：给墙面和顶面进一步上色，然后加深家具颜色，并调整画面效果，表现出客厅的特点。

7.16 客厅效果表现（四）

步骤一：先画出客厅的线稿，表现出客厅空间和家具的轮廓。

步骤二：用不同颜色的浅色马克笔给客厅空间先铺一遍大体的色调，初步确定画面的效果。

步骤三：进一步给客厅空间内的陈设上颜色，并逐步加重家具颜色，丰富画面的色调。

步骤四：深入表现画面细节，并调整画面整体效果，将室内效果表现完整。

7.17 客厅效果表现（五）

步骤一：用勾线笔勾勒出客厅空间和家具的线稿，注意线条的流畅和透视的准确。

步骤二：用不同颜色马克笔分别铺出墙面、地面和顶面的大体颜色，画面要整体和谐，颜色要干净。

步骤三：用不同颜色马克笔分别给家具、背景墙、窗帘、电视和灯饰上颜色，进一步完善客厅效果。

步骤四：加重地面暗部颜色，并用高光笔点取高光，然后调整画面整体效果，表现出客厅的特点。

步骤一：先用勾线笔准确勾勒出客厅空间和家具轮廓，然后画出家具的阴影。

步骤二：用不同颜色马克笔分别铺出地面、墙面、窗户和顶面的大体颜色。

步骤三：用不同颜色马克笔分别给家具、地毯和灯饰上颜色，进一步表现客厅空间。

步骤四：给墙面上的装饰画上色，然后加重家具和地面颜色，并调整画面整体效果。

7.19 客厅效果表现（七）

步骤一：用勾线笔勾勒出客厅空间线稿，然后画出家具阴影，表现出客厅的装饰效果。

步骤二：用不同颜色马克笔整体铺出地面、墙面和顶面的大体颜色。

步骤三：用不同颜色马克笔分别给家具、灯饰、窗户和窗帘上颜色，丰富画面的颜色。

步骤四：整体加重家具、地面和墙面的颜色，将客厅效果表现完善。

7.20 客厅效果表现（八）

步骤一：用勾线笔勾勒出客厅空间的线稿，表现出客厅空间和家具特点。

步骤二：用不同颜色的浅色马克笔整体铺出客厅空间墙面、地面和顶面颜色，初步表现出客厅的大体效果。

步骤三：用不同颜色马克笔分别给沙发、地毯、电视柜、电视和窗帘上色。

步骤四：整体加深色调，然后调整客厅空间效果，并用高光笔点取高光，完善画面效果。

步骤一：先用勾线笔勾勒出客厅空间和家具的线稿，然后画出墙面、顶面造型和家具的阴影。

步骤二：用不同颜色马克笔整体铺出地面、墙面和顶面的颜色，初步表现出客厅的大体效果。

步骤三：用不同颜色马克笔分别给家具、电视柜和电视上颜色。

步骤四：深入表现客厅空间，整体加重颜色，拉开颜色对比，表现对象细节，完善客厅效果。

7.22 复式客厅效果表现

步骤一：用勾线笔画出复式客厅空间的线稿，将空间比例、透视表现准确。

步骤二：用不同颜色马克笔铺出家具、地面、墙面和顶面的大体颜色。

步骤三：先用不同颜色马克笔给左侧墙面、右侧窗户及玻璃上颜色，然后加重顶面和地面的颜色。

步骤四：用不同颜色马克笔分别给抱枕、壁画上颜色，并调整画面整体效果，将复式客厅效果表现完善。

课 后 练 习

1. 选择本章餐厅效果范例，按步骤进行临摹练习。
2. 选择本章客厅效果范例，按步骤进行临摹练习。
3. 选择本章卧室效果范例，按步骤进行临摹练习。
4. 选择一合适角度，对家中客厅进行写生手绘练习。
5. 重新设计自己的卧室，并用手绘表现出来。

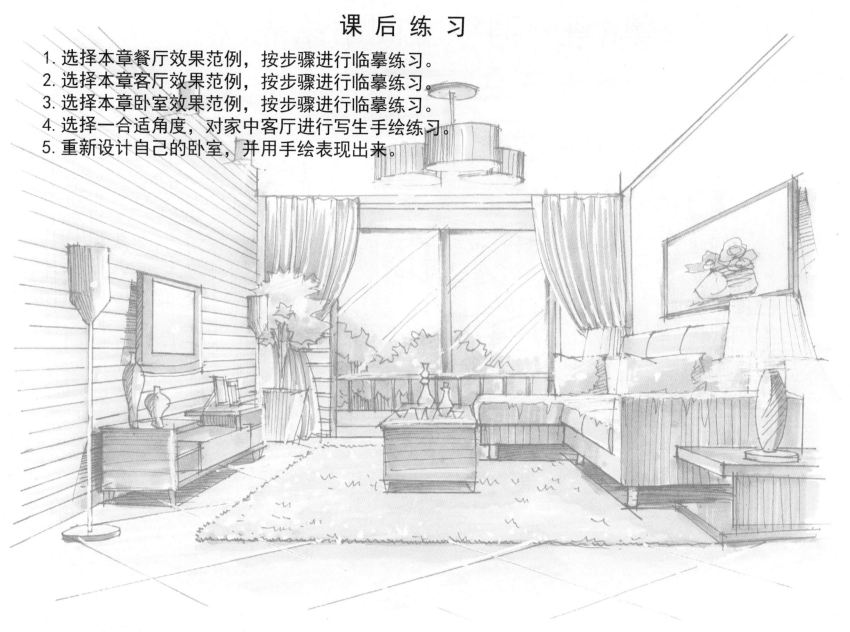

第8章　商业空间手绘表现

8.1 大厅空间效果表现

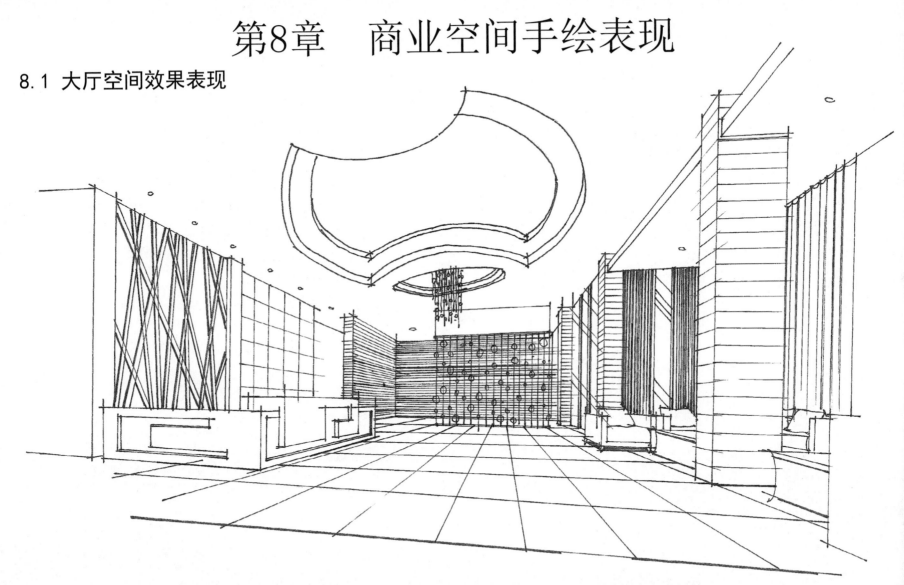

步骤一：用勾线笔勾勒出大厅空间的线稿，准确表现出大厅空间墙面和顶面的装饰造型。

步骤二：用不同颜色的浅色马克笔铺出大厅空间地面、墙面和顶面的大体颜色。

步骤三：先用不同颜色马克笔分别给右侧沙发和窗帘上颜色，然后加重墙面、地面和顶面的颜色。

步骤四：深入表现大厅空间效果，加重局部颜色，表现细节，并点取高光，突出大厅空间的特点。

8.2 餐厅细节设计表现

步骤一：用勾线笔勾勒出餐厅的线稿，将空间透视及右侧隔墙造型表现准确。

步骤二：从装饰隔墙开始上色，用不同颜色马克笔表现出隔墙和椅子的大体色调。

步骤三：用不同颜色的马克笔给窗户、餐桌和帘子上颜色。

步骤四：画出顶部和地面的颜色，然后用高光笔调整画面，将餐厅空间表现到位。

8.3 餐厅效果表现

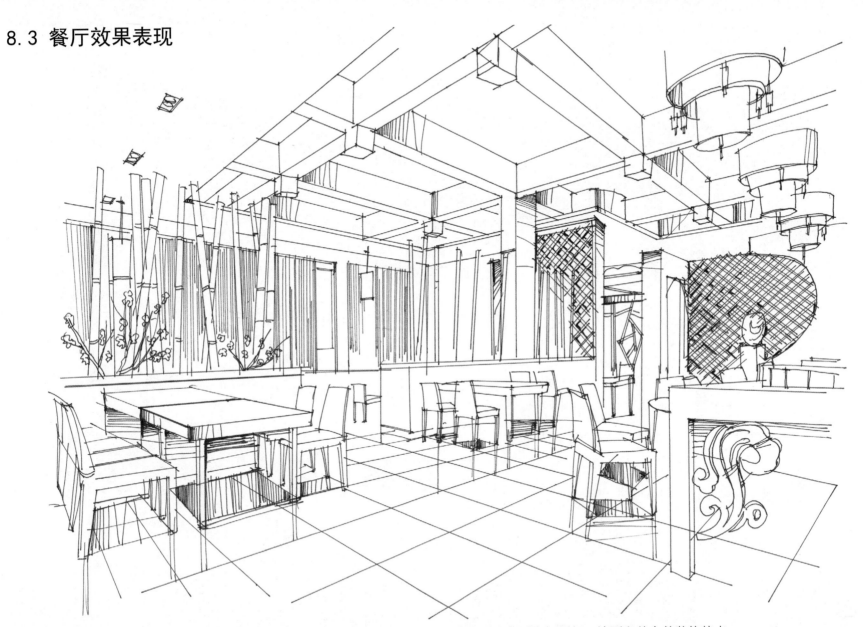

步骤一：用勾线笔勾勒出餐厅的线稿，用线表现出餐厅空间顶部、墙面和前台的装饰特点。

步骤二：用不同颜色马克笔表现出吊顶造型、墙面及前台的大体色调。

步骤三：用不同颜色马克笔画出顶面、地面和桌子的色调，进一步完善空间效果。

步骤四：用彩色铅笔画出地砖的颜色，然后用高光笔提出高光，充分表现出空间的效果和特点。

8.4 餐厅前台设计表现

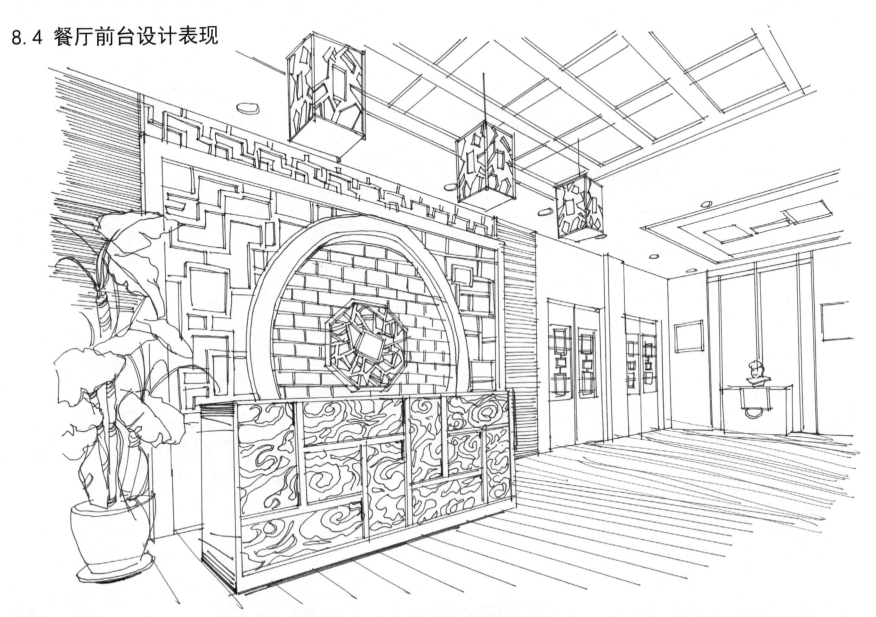

步骤一：先用勾线笔勾勒出餐厅前台的大体轮廓，然后画出餐厅前台的装饰细节，表现出餐厅前台的特点。

步骤二：从餐厅前台的主色调入手，用马克笔铺出餐厅前台和背景造型的大体色调。

步骤三：用不同颜色马克笔给餐厅前台、墙面、地面及吊顶造型上颜色，注意强调主题，表现出餐厅前台的特点。

步骤四：完善画面环境颜色，然后用彩色铅笔和高光笔调整画面，将餐厅前台效果表现到位。

8.5 迎宾台设计表现

步骤一：用勾线笔勾勒出迎宾台空间装饰细节，表现出迎宾台的装饰造型特点。

步骤二：确定迎宾台空间的主色调，用不同颜色马克笔分别给前台、背景及吊顶上颜色。

步骤三：用不同颜色马克笔给顶面和过厅空间上颜色，注意屏风上画面的表现。

步骤四：画出前厅地面的颜色，并用彩铅处理细节，将迎宾台效果表现充分。

8.6 餐厅设计表现

步骤一：用勾线笔勾勒出餐厅的线稿，表现出餐厅顶面、墙面和内部的装饰特点。

步骤二：用不同颜色马克笔铺出餐桌、椅子、墙面及窗帘的大体色调，初步确定餐厅空间的大体色调。

步骤三：用不同颜色马克笔给餐厅空间地面、墙面及吊顶造型上颜色，进一步完善空间效果。

步骤四：用深色马克笔给顶面上颜色，然后整体调整画面效果，并用高光笔画出地砖的拼缝线。

课 后 练 习

1. 选择本章大厅效果范例，按步骤进行临摹练习。
2. 选择本章餐厅效果范例，按步骤进行临摹练习。
3. 选择一合适角度，对家中客厅进行写生手绘练习。
4. 选择一些商业空间图片，练习用手绘表现出来。
5. 自己设计一个蛋糕店，并用手绘表现出自己的设计构思。

第9章 手绘作品范例

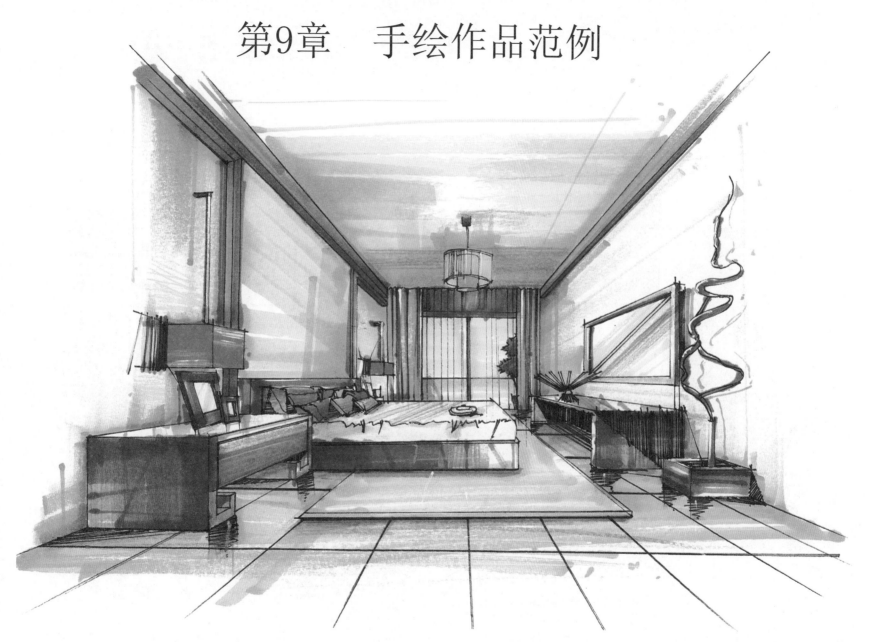

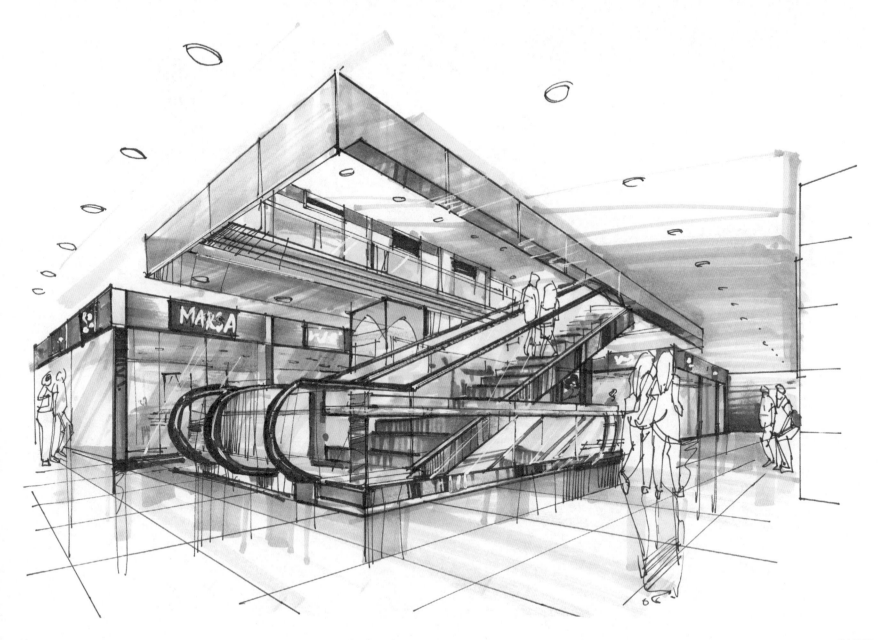

MARSA

课 后 练 习

1. 选择本章两个范例，进行临摹练习。
2. 选择一些商业空间图片，练习用手绘表现出其效果。
3. 设计一个客厅，用手绘表现出客厅设计效果。
4. 设计一个餐厅，用手绘表现出餐厅设计效果。
5. 设计一个服装卖场，用手绘表现出卖场设计效果。